玉米丝黑穗病

玉米大斑病

玉米灰斑病

玉米小斑病

细菌性茎腐病

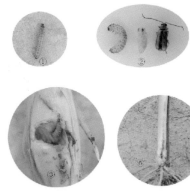 

玉米旋心虫

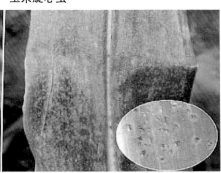

玉米锈病

玉米田除草剂药害

2,4-D 药害

莠去津药害

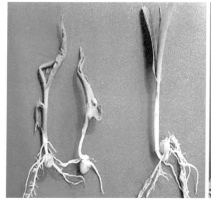

乙草胺药害

弯孢菌叶斑病

玉米纹枯病　　　　　　　　　　玉米粗缩病

玉米苗枯病

农民科技培训用书

# 高淀粉玉米高产栽培技术（第二版）

何鸿飞 王秀杰 主编

中国农业科学技术出版社

**图书在版编目（CIP）数据**

高淀粉玉米高产栽培技术／何鸿飞，王秀杰主编.—2版.—北京：
中国农业科学技术出版社，2014.9

ISBN 978－7－5116－1805－4

Ⅰ.①高… Ⅱ.①何…②王… Ⅲ.①玉米－高产栽培 Ⅳ.①S513

中国版本图书馆 CIP 数据核字（2014）第 205908 号

| | |
|---|---|
| 责任编辑 | 崔改泵 |
| 责任校对 | 贾晓红 |
| 出 版 者 | 中国农业科学技术出版社 |
| | 北京市中关村南大街 12 号　邮编：100081 |
| 电　　话 | （010）82109194（编辑室）（010）82109702（发行部） |
| | （010）82109709（读者服务部） |
| 传　　真 | （010）82106650 |
| 网　　址 | http://www.castp.cn |
| 经 销 者 | 各地新华书店 |
| 印 刷 者 | 北京富泰印刷有限责任公司 |
| 开　　本 | 850 mm×1 168 mm　1/32 |
| 印　　张 | 4.25　彩　插　4 |
| 字　　数 | 120 千字 |
| 版　　次 | 2014 年 9 月第 2 版　2014 年 9 月第 1 次印刷 |
| 定　　价 | 15.00 元 |

# 前　言

　　玉米是我国最主要的粮食作物之一，高淀粉玉米是一类重要的特用玉米，其种植规模正在逐年上升。

　　为了更好地开展培训，提高培训的针对性和实用性，我们根据生产需要编写了本书。全书由5章组成。内容包括：东北地区高淀粉玉米及其特点；玉米籽粒品质概述；环境条件对玉米淀粉含量的影响；高淀粉玉米高产栽培；有害生物的防治与防除，包括病害、虫害、草害与鼠害等。本书针对东北地区玉米种植现状和农民需求，理论联系实际，文字通俗，材料新颖，技术措施实用可靠，可操作性强。将高淀粉玉米栽培的各个层面，真实、具体、系统地呈现给广大读者。本书可供玉米科研工作者、有关院校师生、农技推广人员和农民朋友阅读参考。

　　由于时间仓促，编者水平有限，书中错误疏漏在所难免，敬请广大读者批评指正。

编　者

# 目　录

# 第一章　东北地区高淀粉玉米及其特点

东北地区是中国主要的商品粮基地。随着国际上对玉米需求的日益增加，东北地区的玉米种植面积也在逐步扩大。据统计，2009年东北地区种植玉米的面积约1 000万公顷，创历史新高。随着科学技术的不断进步，玉米淀粉的利用方式越来越广泛，在国民经济中的作用也越来越大，为适应市场的需要，人们对高淀粉玉米研究的步伐也在逐步加快。

## 第一节　高淀粉玉米的特点

### （一）高淀粉玉米的概念

高淀粉玉米是指籽粒粗淀粉含量大于72%（农业部标准NY/T 597—2002）以上的专用型玉米，根据粗淀粉（干基）含量的不同划分为3个等级，分别为一等级（籽粒粗淀粉含量≥76%）、二等级（籽粒粗淀粉含量≥74%）及三等级（籽粒粗淀粉含量≥72%）。

### （二）高淀粉玉米的类型

高淀粉玉米的粗淀粉含量远高于普通玉米（60%~69%）。玉米淀粉是最佳的粮食淀粉之一，有纯度高（99.5%）、提取率高（达93%~96%）的特点，广泛应用于食品、医药、化工、纺织等工业。依据其籽粒中所含碳水化合物的比例和结构分为混合高淀粉玉米、高直链淀粉玉米。

混合高淀粉玉米是指普通玉米籽粒中淀粉含量为 72% 以上的工业专用型玉米，是直链和支淀粉的合体，二者所占的比例为 27% 和 73%。混合高淀粉玉米中粗淀粉经一定量酸碱催化可制成淀粉糖（葡萄糖、果糖、麦芽糖、果葡糖浆），其中，果葡糖浆是食品和饮料工业的重要原料。玉米籽粒胚乳中直链淀粉含量在 50% 以上的被称为高直链淀粉玉米，胚乳中支链淀粉含量 95% 以上的被称为高支链淀粉玉米（也叫糯玉米、黏玉米或蜡质玉米）。

## 第二节　东北地区高淀粉玉米生产现状

### （一）东北地区高淀粉玉米种植情况

随着国内及东北地区玉米深加工业的飞速发展，尤其是以玉米为原料生产淀粉的产业链条延长，很大程度上刺激了中国东北地区高淀粉玉米种植面积增加。目前，黑龙江省高淀粉玉米播种面积超过 33.3 万公顷，吉林省播种面积约 30 万公顷，辽宁省播种面积约 20 万公顷。东北地区高淀粉玉米种植生产潜力巨大，且有继续增加的趋势。种植的品种数量不多，其中，吉林省四平市农业科学研究所选育的四单 19 推广总面积较大。还有长单 26 号、长单 374、哲单 14、哲单 20 等品种在东北地区高淀粉玉米生产中起到了比较重要的作用。近年美国先锋公司的玉米新品种先玉 335 在东北地区种植面积较大，且逐年增加，基本上取代了利用时间较长的品种，如四单 19 等。

### （二）东北地区高淀粉玉米加工情况

#### 1. 东北地区高淀粉玉米加工现状

随着畜牧业及加工业的不断发展，东北地区不仅是中国玉米的主要生产基地，也是玉米的主要消费地区。玉米的下游产业链长，涉及种植、养殖、食品、化工、医药等诸多行业。从消费结构上看，食用、饲用玉米总量稳定增长，但相对比例逐年下降，而饲料用玉米仍将作为玉米消费的主要部分，占据 70% 以上的份额。根据国家粮油信息中心数据，中国饲料玉米年消费量已由 10 年前的 7 000 多万吨，增长至约 9 000 万吨。2005 年工业饲料产量稳定增长 5% 以上，饲料产量达到 9 632 万吨。而工业用玉米的绝对量和相对比例都在大幅上调，代表了未来玉米消费的主要趋势。根据国家粮油信息中心数据，2003—2004 年度，中国玉米工业消费 1 400 万吨，2004—2005 年度 1 800 万吨，2005—2006 年度为 2 000 万吨左右。随着国内玉米工业消费的稳步增长，东北地区玉米加工业发展也非常迅速。

　　**2. 东北地区玉米加工业分布**

　　种植高淀粉玉米的经济效益主要体现在优质优价上。根据国内有关淀粉厂家测算，以高淀粉玉米为原料生产淀粉，由于淀粉含量高，每吨可以比普通玉米增值 56 元。厂家以 64% 为淀粉含量基数，淀粉含量每增加一个百分点，每吨可以提价 4 元。高淀粉玉米一般比普通玉米高 8 个百分点，每吨可以提价 32 元，以单产 7 500 千克 / 公顷计，每公顷高淀粉玉米可增加收入 240 元。每推广 10 万公顷高淀粉玉米，农业可增收 2 400 万元，工厂多盈利 3 840 万元。

　　目前，中国有几百家玉米加工企业，主要分布于安徽、吉林、山东、河南、河北等省。深加工企业消费玉米增长速度加快，上述企业只是国内玉米加工企业的一部分。由于玉米深加工业一方面联系着广大农民的经济利益，另一方面又担负着为其他工业部门提供重要原料的任务，为此，玉米深加工产业在国内占有十分重要的产业地位，2000 年玉米深加工业被列为国家重点鼓励发展的产业，受国家产业政策重点支持。为了解决近几年国内普遍出现的"卖粮难"问题，吉林、黑龙江都加大了玉米产业化的开发力度，在招商引资、银行信贷、财政税收、投资建厂等各个方面支持玉米深加工项目与企业，相应的国内也出现了一批加工规模较大、初具竞争力的龙头企业。东北地区也出现了一些比较有竞争力的企业，2005年吉林和黑龙江两省实际加工能力在1 300万吨左右。2006年两省加工量有较大增长。其中，吉林省大型玉米深加工项目年消耗玉米量已达850万吨以上。据不完全统计，吉林和黑龙江已有10多家玉米深加工量在30万吨以上的企业投产。其中，中粮集团生化（肇东）事业部（前身是肇东华润）70万吨，青冈龙凤100万吨，肇东成福集团30万吨，明水格林30万吨，集贤丰瑞45万吨，吉林省的长春大成公司240万吨产能（长春60万吨淀粉、吉林省德惠市姚家一期120万吨淀粉糖、辽宁锦州60万吨淀粉），公主岭黄龙公司60万吨，松原赛力事达30万吨，华润生化30万吨，吉安生化酒精55万吨，吉林燃料乙醇160万吨。中粮集团目前在吉林、黑龙江、辽宁、内蒙古自治区（全书称内蒙古）、河北等地共建有生产玉米淀粉糖、乳酸、乙二醇以及味精的8个厂，全部投产后年加工玉米能力达500多万吨。

### （三）存在问题

#### 1. 优良高淀粉玉米新品种较少

目前，东北地区每年通过省里组织审定的玉米品种较多，但其中高淀粉玉米新品种较少，优良高淀粉玉米新品种则更少。东北地区种植的高淀粉玉米品种中四单19面积较大，但该品种是1992年通过黑龙江省审定，生产上利用时间较长，病害逐年加重，目前，种植面积逐渐下降，亟需更新，但很难找到相关的代替品种。近年美国先锋公司在中国推出的玉米新品种先玉335的粗淀粉含量为74.36%，已经达到高淀粉玉米的标准，由于商品质量好、产量高和收购价格高而备受东北地区农户推崇。其中，吉林省种植先玉335的面积比较大。据吉林市种子管理部门和吉林市农业科学院估计，2009年吉林市种植先玉335的种植面积约占该市玉米种植面积的60%。黑龙江省种植先玉335的面积也在迅速增加，据统计，2009年该品种已经成为黑龙江省种植面积最大的品种。

2. 越区种植导致高淀粉玉米商品品质差

近年来受全球气候变暖影响，种子企业经营种子和农民购买使用种子存在很大侥幸心理，一些地区为了追求产量，违背自然规律和市场经济规律越区种植农作物品种，特别是晚熟玉米品种，即越区种植。越区种植可能会让农民增产不增收，越区种植的主要后果是降低了粮食的品质和使用价值，进而降低粮食的价格。越区种植的玉米品种不能在霜前正常成熟，即使在"自老山"年份能够基本成熟，也会由于下霜快而停止生长。这样由于气温低而没有足够的时间，玉米籽粒不能正常生理成熟，籽粒含水量高，因而不同程度地出现"水玉米"现象。黑龙江省玉米收获时正常含水量为30%左右，越区种植的超过35%，有的甚至达到40%。这种玉米容重低，淀粉含量少，商品品质下降。以美国先锋公司的玉米新品种先玉335为例，该品种适宜在黑龙江省第一积温带种植。但目前，在黑龙江省第二、第三积温带均有种植。据黑龙江省绥化市北林区种子管理站估计，该区先玉335的种植面积也达到10%左右，存在着很大的风险。

3. 加工企业对品种选择未发挥明显引导作用

加工企业对玉米品质的需求因其产品特性和企业技术水平的不同存在明显差异。比如，饲料加工企业一般喜爱偏角质型和蛋白质含量较高的玉米，淀粉和酒精发酵类加工企业喜爱淀粉含量高的偏粉质型玉米。不同企业对玉米品质的需求差异并未在市场上通过定价差异充分表现出来，也未对农户生产起到明显的引导作用。玉米主产区的企业通常虽不担心原料供应会出现问题，但也未通过明显的差别定价来引导农户生产。如长春大成集团玉米加工能力达到300万吨，收购时也未明确区分淀粉品质等级，收购价格总体上略高于周边市场平均水平，激励较大范围内的农户把玉米送到企业，确保了企业玉米用量和减少了前期费用。

4. 国家收储政策对提高玉米生产效益的作用还不显著

2008年以来，国家4 000万吨玉米临时收储计划对稳定东北主产区玉米市场价格和保护农民受益发挥了重要作用，但也存在问题和负面影响。

第一，加工企业反映较多的是，收储政策支撑了玉米价格，但国际金融危机导致玉米加工品价格走低，深加工企业压力沉重。从2008年下半年以来，多数企业运营困难，部分产品附加值低的加工企业甚至停产。较多的加工企业认为，国家对市场的干预力度过大，影响了市场的自我调整。临时收储应为阶段性的临时措施，带动加工业发展才是解决市场需求不足、稳定玉米市场的根本动力。因此，国家对收储企业和加工企业在收购上应采取一视同仁的政策。

第二，国家临时收储政策的最大受益者是得到收储指标的粮库和能够将粮食卖到粮库的中间商。目前，东北农户销售玉米的最主要方式是坐等粮食中间商上门收购，农户将玉米直接卖到粮库最多的区域其比例也不过30%，因此，粮库收购的粮食绝大部分来自中间商。由于增加了流通环节，农民从临时收储中直接得到的好处并不大。不仅如此，粮库在收购玉米时缩短了收购时间，增加农民销售难度，有些粮库利用农户已经将玉米运送到粮库（农户回旋余地较小）而单方面定等、定级、直接挤压农民收益。这也是许多地区农户不愿意直接卖粮到库的重要原因。农户普遍认为与其折腾半天都卖不上好价钱，还不如就在家坐等粮食中间商上门收购，不仅省时省力省心，而且比较主动。

第三，为保护农民利益，国家临时收储计划承诺农户储存的玉米无论什么品质都要收购，对市场按质定价有一定的负面影响。一些粮食收储企业甚至乐于利用这样的政策规定在收购农民和粮食中间商手上的玉米时增加其单方面定等、定级、定价的操作空间。调研发现，在那些市场需求多样、加工需求比较大的地区，粮库喜爱收购偏角质型、烘干后易储藏的玉米，且因收购湿玉米在定价方面有较大的操作空间而一般不收购烘干至标准水分的玉米。在玉米加工需求较小的地区，粮库对玉米收购条件没有任何要求，但声称所收玉米均为二等或二等以下，事实上，这些地区种植有的玉米能达到国家一等玉米的标准。

### （四）解决途径

#### 1. 加快高淀粉玉米新品种的选育

目前，生产上的高淀粉玉米品种匮乏，主要由于高淀粉玉米种质资源相对较少，育种家或育种单位多年来一直坚持把玉米产量作为育种的主要目标，进而忽视了对高淀粉玉米种质资源的筛选，通过审定和推广的高淀粉玉米品种也是在普通玉米品种选育过程中随机出现的高淀粉玉米品种，针对性不强。随着玉米淀粉加工业的迅速发展，今后对高淀粉玉米品种的需求将日益迫切，因此，在玉米新品种培育过程中应注重高淀粉玉米种质资源的筛选工作，为优良高淀粉玉米新品种的选育奠定坚实的基础，为东北地区甚至全国高淀粉玉米的发展做出应有的贡献。

#### 2. 严禁越区种植

各级政府、各有关部门要采取得力措施禁止越区种植玉米品种。在指导农业生产和领导干部"三田"建设以及推广供应玉米品种上要遵循种子科学规律、自然规律和市场经济规律，充分发挥其良性带动和引导作用。要协调有关部门解决种子公司和农民调剂适宜品种所需贷款资金等实际问题。并要充分利用广播、电视、报纸等宣传工具，加大宣传引导力度，带动和引导农村干部和广大农民认识越区种植玉米品种的为害，准确把握国家实行粮食优质优价的收购政策，使其科学合理地选用适区、适地种植品种。同时要明确责任，对盲目指导、推广经销越区的玉米种子、不合法的玉米种子给农业生产和广大农民造成损失的单位和个人，要按有关规定追究责任。要求有关单位应根据本地自然生态环境条件、栽培管理水平，科学地确定本地玉米品种。种子部门要摸清种子库存以及需种情况，合理调剂供应高产优质适宜对路的品种，千方百计保证农业生产用种需要。同时，要搞好供种服务，提高服务水平。有关部门要充分运用各种促早熟保高产栽培技术和管理措施，做到良种良法配套，确保玉米充分成熟，提高产量和品质，增强市场竞争力，增加效益。

3. 加强国家政策和加工企业对玉米生产的积极引导

加工企业和国家政策应给予正确的引导，根据企业的实际需要，引导农民种植高淀粉玉米品种，真正实现优质优价政策的有效落实。

## 第三节　高淀粉玉米的品质特点

### （一）高淀粉玉米的营养特点

高淀粉玉米提高了玉米籽粒的淀粉含量的同时，其籽粒的物理性状和营养成分也发生了变化。高淀粉玉米的籽粒重、胚乳重均高于普通玉米和高油玉米，而胚重较低。籽粒淀粉含量达75%以上，显著高于其他类型玉米，淀粉成分中支链淀粉和直链淀粉均得到提高。籽粒蛋白质含量与普通玉米差异不大，但脂肪含量有所降低。

### （二）高淀粉玉米的加工品质

高淀粉玉米的用途主要以加工淀粉为主。淀粉是玉米碳水化合物的主要成分，也是淀粉工业的主要原料。玉米淀粉不仅自身用途广，还可进一步加工转化成变性淀粉、稀黏淀粉、氧化淀粉、硝酸淀粉、高直链淀粉、工业酒精、食用酒精、味精、葡萄糖、果葡糖浆、柠檬酸、果糖酸、乳酸、甘油、维生素 C、维生素 E 和降解塑料等 500 多种产品，广泛用于造纸、食品、纺织、医药等行业，产品附加值超过玉米原值的几十倍。随着不可再生能源石油、煤炭资源的日益减少，用玉米淀粉生产燃料乙醇作为一种可再生的清洁燃料将成为 21 世纪的重要能源之一。因此，玉米淀粉生产在整个玉米加工业中占有十分重要的地位。

## 第四节　高淀粉玉米产业的发展前景

### （一）东北地区高淀粉玉米的优势和发展方向

由于东北地区玉米专用品种未能很好地进行区域布局和专用化生产，而缺乏与之配套的高效栽培技术，良种和良法推广不同步，生产和加工过程中缺乏质量控制，社会化服务和科技服务体系不健全，专用品种不能做到单收、单打、单储、单运、单销，造成玉米商品品质不高、不稳，与发达国家相比还有较大的差距。这主要是由于东北地区高淀粉玉米生产成本高，种植效率低；国产玉米商品品质差；流通体制不完善，流通费用较高所造成。在看到劣势的同时，还要看到东北地区高淀粉玉米产业还具有明显的潜在优势，通过采取相应措施，市场竞争能力将会增强。首先是区位优势。东北地区周边国家和地区如日本、韩国是世界著名的玉米进口地区，年销售量在 3 000 万吨以上，占全球玉米进口量的 45%，玉米消费量大，其国内生产满足不了需求，存在相当大的玉米供求缺口。其次，食品安全优势。东北地区高淀粉玉米全是非转基因玉米，而美国大部分玉米为转基因产品。随近年来国际社会对转基因农产品的担心逐步升温，欧洲和亚洲部分国家的消费者抵制转基因产品，美国玉米将失去部分市场，这为东北地区高淀粉玉米出口带来了机会。再次，提高单产和品质的潜力大。中国国内高淀粉玉米消费持续增长，使高淀粉玉米产业潜在优势的发挥成为可能。一是饲用玉米需求稳定增长；二是玉米深加工业蓬勃发展，市场潜力较大；三是食用、种用等玉米消费量将维持现在的消费水平。

## （二）东北地区高淀粉玉米产业发展前景

玉米产业因高附加值而成为"朝阳"产业和"黄金"产业，发展潜力十分巨大。以世界上玉米产量和深加工量第一的美国为例，开发玉米产品就有 3 000 多个，深加工消费玉米量从 1999 年的 4 810.7 万吨增长到 2003 年的 6 324.6 万吨，平均年递增 7.5%，人均消耗玉米更是达到了 88 千克。中国玉米加工业虽然起步较晚，从 20 世纪 80 年代深加工业几十万吨消费量，到 90 年代以每年 10% 的速度快速增长，如今开发了上百个产品，2005 年工业消费达 1 100 万吨，所占玉米总消费比例亦从 0.5% 增长到了 13.4%。国家与各地政府大力支持玉米深加工产业的发展，玉米加工企业如雨后春笋，玉米加工龙头企业也相继出现，为国民经济的发展，尤其是农业经济的快速发展做出了巨大贡献。

玉米淀粉广泛用于食品、医药、造纸、化学和纺织工业。玉米淀粉制取的葡萄糖可制取青霉素、红霉素、氯霉素、维生素 C 及麻醉剂等医药用品。玉米高果糖浆是以玉米淀粉作为原料深加工而成，其质地纯正透明，比蔗糖甜度高 1.2 ~ 1.6 倍，易被人体吸收利用，是制作糖果、糕点、饮料和罐头的优良甜味剂，是预防高血压、糖尿病及心血管病的理想食品。据预测，玉米高果糖工业可占据未来世界 50% 的甜味剂市场。玉米淀粉深加工利用，不仅提高原料利用率，而且国内市场销路好，经济效益显著，综合利用前景广阔。

直链淀粉是重要的工业原料，用途很广，涉及 30 多个领域，如食品、医疗、纺织、造纸、包装、石油、环保、光纤、高精度印刷线路板、电子芯片等行业。直链淀粉还用于食品业的增厚剂、固定剂、炸薯条中阻止过度吸油分的包衣剂。玉米高直链淀粉也是生产光解塑料的最佳原料，是解决目前日益严重的"白色污染"的有效途径。但普通玉米的直链淀粉含量在 22% ~ 28%，从普通玉米中提取直链淀粉成本很高，因此，培育、种植高直链淀粉玉米品种具有重要意义，它的利用将为世界环保事业带来一次重大革命。

东北地区高淀粉玉米深加工产品已经从初级淀粉、味精开始向山梨醇等转变，向造纸、纺织等行业转变，而且吉林省已经开始将资源优势转化为经济优势。东北地区高淀粉玉米的消费开始逐步向工业原料转变，而且市场格局正在发生变化。并且随着东北地区深加工能力的提高，东北正逐渐由产区向销区转变，"北粮南运"的市场调节正在逐步减弱。目前，安徽、山东等省的玉米深加工企业已经开始在东北地区及内蒙古自治区建设自己的玉米深加工基地，今后东北地区将成为国内玉米深加工行业的一个首选基地。

# 第二章 玉米籽粒品质概述

## 第一节 玉米籽粒的形成和结构

### 一、玉米籽粒的形成

#### （一）开花与受精

玉米是异花授粉作物，花粉主要靠风力传播。通常玉米雌穗和雄穗同时抽出，雄穗扬粉的同时雌穗花柱抽出，这样有利于结实。但玉米也有先抽丝后扬粉或扬粉接近结束时花柱才抽出的类型。玉米花柱抽出的快慢，雄穗扬粉时间的长短及花粉量的大小，不仅与品种特性有关，也极易受环境影响，这些因素包括土壤水分、养分供应状况、气候因素等。

土壤养分、水分供应不足时，玉米花粉量减少，严重受旱时甚至不能扬粉。在土壤水分及养分供应状况正常的情况下，在气候因素中，日照时数影响最大，其次是温度和湿度。据在辽宁省沈阳市的观察，在晴天的情况下，7月中旬玉米在早晨7时就可以大量扬粉，到8月上旬，则即使是温度与湿度与以前相近，扬粉时间也延至9时以后，而且花粉量明显不足。此外，玉米扬粉对温度和湿度也有一定的要求，温度过低或湿度过大均延迟扬粉且花粉量较少。

当玉米花柱的柱头接受风力传来的花粉粒，黏着在柱头上的花粉粒约5分钟后即生出花粉管。花粉管进入花柱并向下生长，此时花粉粒中的营养核和 2 个精核移至继续生长的花粉管的顶部，花粉生芽后大约经过 12 ~ 24 小时到达子房，其后花粉管破裂释放出 2 个精核，其中，1 个精核和子房中间的两个极核融合形成三倍体细胞，最后发育成为胚乳。另外 1 个精核和卵细胞融合形成二倍体的合子，最后发育成为胚。这是正常的双受精过程。Ssrkar 和 Con（1971）发现玉米大约有 2% 的异核受精现象，即子房中的极核和卵核分别和来自不同花粉粒的精核受精。异核受精的结果导致一个籽粒中的胚和胚乳两者的基因型不一致性。

**（二）组织分化及种子形成**

完成受精后的子房大约要经过 40 ~ 50 天的时间，增长约 1 400 倍而成为籽粒，胚和胚乳形成和养分积累需 35 ~ 40 天，其余时间用于失水干燥和成熟。

1. 胚形成

从雌穗吐丝受精到种胚具有发芽能力是种子的形成过程，一般需要 12 ~ 15 天。合子于受精后分裂成大小不等的两个原胚细胞，其中基部的一个发育成胚柄，顶端一个形成种胚。这期间籽粒呈胶囊状，粒积扩大，胚乳呈清水状。在此过程中，以胚分化为主，干物质积累缓慢，灌浆速度平均为每粒 1.5 毫克 / 天左右；过程末，干物质积累量达成熟时粒重的 5% ~ 10%。玉米授粉后 3 ~ 4 天形成具有 10 ~ 20 个细胞的球形胚；授粉后 5 ~ 6 天胚呈棒槌状；7 ~ 8 天胚柄形成；10 天左右则先后分化出胚茎顶点和盾片；15 天左右，胚分化出第一、第二叶原基及胚根，开始具有发芽能力，其体积为成熟种子胚的 14% ~ 15%；授粉后 16 天，分化出根冠，盾片中积累淀粉；授粉后 22 天左右，分化出 4 个叶原基及次生根原基；30 天左右分化产生 5 个叶原基，胚分化结束。

## 2. 胚乳形成

极核受精后形成胚乳。受精后 2 天，初生胚乳核分裂形成 4 个游离胚乳核；3 天则达到 60 个游离细胞核；5 天游离细胞核开始形成细胞壁，成为完整的胚乳细胞；胚乳细胞不断分裂，至授粉后 12 天时，胚乳细胞已占据全部珠心，珠心组织解体；授粉后 8~16 天，胚乳细胞分裂最旺盛，细胞数量剧增，是胚乳细胞分裂建成的主要时期，也是决定籽粒体积和粒重潜力的关键时期；授粉后 10 天时，胚乳细胞内在细胞核周围开始形成淀粉粒；到 12 天，淀粉量增加，几乎充满了整个胚乳细胞，表明籽粒开始进入乳熟阶段。

## 3. 黑色层形成

玉米籽粒基部与胎座相邻的胚乳传递细胞带，是植株营养进入胚乳的最后通道，其发育程度和功能期长短，对胚的发育和胚乳中营养物质的积累至关重要。胚乳基部细胞于授粉后 10 天开始向传递细胞分化；但在授粉后 15 天内，其细胞壁的加厚和壁内突的形成很慢；此后速度加快，至授粉后的 20 天，已经形成了由 3~4 层细胞、横向由 65~70 列细胞结构的传递细胞带，进入功能期；籽粒成熟时，胚乳传递细胞被内突壁充满，但狭小的细胞腔中仍有较浓稠的细胞质，其中，含有黑色和晶状颗粒；与传递细胞带紧相邻的果皮组织中形成黑色层。黑色层形成为玉米生理成熟的标志。

## 4. 盾片

玉米盾片具有营养贮藏和生理代谢双重功能，对籽粒发育、萌发极为重要。据研究，掖单 13 号授粉后 10 天，盾片形成，处于组织分化期。细胞中已含有少量脂肪和淀粉粒；授粉后 20 天，盾片细胞中液泡消失，形成大量脂体和淀粉粒，上皮组织与胚乳相邻胞壁及径向壁外段次生加厚，内部细胞中开始形成蛋白质体；授粉后 35 天，上皮细胞径向壁加厚达细胞 2/3 处，薄壁细胞壁处有发达的胞间连丝，内部细胞中形成了许多蛋白质体。籽粒成熟时，盾片上皮细胞径向壁的内段仍保持着薄壁状态，加厚壁上有波状内突，胞质中含有大量的脂体和少量的淀粉粒；内部细胞中有大量蛋白质体和较多的淀粉粒。

### （三）种子成熟过程

依据种子胚乳状态及含水率的变化，分为乳熟、蜡熟及完熟 3 个时期。

#### 1. 乳熟期

乳熟期是从胚乳呈乳状开始到变为糊状结束，历时 15～20 天。一般早熟品种从授粉后 12 天起到 30 天或 35 天止，晚熟品种从授粉后 15 天起到 40 天左右结束。乳熟期籽粒及胚的体积都接近最大值，干物质积累总量达到成熟时的 80%～90%。干重增长速度快，灌浆高峰期出现在授粉后 22～25 天，是决定粒重的关键时期。种子含水率变化范围为 50%～80%，处于平稳状态。种子发芽率达 95% 左右，田间出苗率也较高。这期间，苞叶为绿色，果穗迅速加粗。

玉米授粉 30 天左右，籽粒顶部胚乳组织开始硬化，与下面乳汁状部分形成一横向界面，此界面称乳线。乳线出现的时期叫乳线形成期。这时籽粒含水率为 51%～55%，籽粒干重为成熟时的 60%～65%。随着籽粒成熟过程的进展，乳线由籽粒顶部逐渐向下移动，于授粉后 48～50 天消失。乳线消失是玉米成熟的标志。

#### 2. 蜡熟期

该时期从胚乳成糊状开始到蜡状结束，一般需要 10～15 天，早熟品种由授粉后 30 天或 35 天起，到 40 天或 50 天止；晚熟品种从 40 天起至 55 天结束。这期间，籽粒干重增长缓慢。籽粒干物重达成熟时的95%左右，含水率由50%降低到40%以下，处于缩水阶段，粒积略有减小。玉米授粉后40天左右，乳线下移至籽粒中部，籽粒含水率40%左右，干重为成熟时的90%。

**3. 完熟期**

籽粒从蜡熟末期起干物质积累基本停止，经过继续脱水，含水率下降到30%左右。这时籽粒变硬，乳线下移至籽粒基部并消失，黑层形成，皮层出现光泽，呈现品种特征，苞叶变干、膨松。

## 二、玉米籽粒的形态结构

### （一）籽粒外观

玉米的种子实质上是果实，植物学上称为颖果，通常称之为"种子"或籽粒，其形状和大小因品种而异。玉米籽粒最常见的形状有马齿形、半马齿形、三角形、近圆形、扁圆形和扁长方形等，一般长8~12毫米，宽7~10毫米，厚3~7毫米，成熟的玉米籽粒由皮层、胚乳和胚3部分组成。籽粒百粒重最小的只有5克，最大可达40克以上。籽粒颜色从白色到黑褐或紫红色，可能是单一色，也可能是杂色，最常见的为黄色和白色。

根据玉米籽粒的形态、胚乳结构以及颖壳的有无分成如下9种。

（1）硬粒型 也称燧石型，籽粒多为方圆形，顶部及四周胚乳多为角质，仅中心近胚部分为粉质，故外壳透明有光泽，坚硬饱满。粒色多为黄色，间或有白、红、紫等色籽粒。籽粒品质好，适应性强，成熟较早，但产量较低，主要作粮食用。

（2）马齿型 又叫马牙种，籽粒扁平呈长方形或方形，籽粒两侧的胚乳为角质，中部直到顶端的胚乳为粉质，成熟时因顶部的粉质部分失水收缩较快，因而顶部的中间下凹，形似马齿，故称马齿型。顶部凹陷深度随粉质多少而定，粉质愈多，凹陷愈深，籽粒表面皱缩，呈黄、白、紫等色。籽粒品质较差，成熟晚，产量高。适于制造淀粉、酒精或作饲料。

（3）半马齿型　由硬粒种和马齿种杂交而来。籽粒顶部凹陷较马齿种浅，也有不凹陷的，仅呈白色斑点状，顶部的胚乳粉质部分较马齿种少，但比硬粒种多，品质亦较马齿种为好，产量较高。

（4）粉质型　又叫软质种，胚乳全部为粉质。籽粒乳白色，组织松软，无光泽，适作淀粉原料。

（5）甜质型　又称甜玉米。胚乳多为角质，含糖分多，含淀粉较少。因成熟时水分蒸发使籽粒表面皱缩，呈半透明状。多做蔬菜用。

（6）甜粉型　籽粒上半部为角质胚乳，下半部为粉质胚乳。

（7）蜡质型　为糯性玉米。籽粒胚乳全部为角质，不透明。切面呈蜡状，全部由支链淀粉组成。食性似糯米，黏柔适口。

（8）爆裂型　籽粒小而坚硬，米粒形或珍珠形，胚乳几乎全部为角质，仅中部有少许粉质。品质良好，适宜加工爆米花等膨化食品。

（9）有稃型　籽粒被较长的稃壳包裹，籽粒坚硬，难脱粒。是一种原始类型。

**（二）籽粒结构**

成熟的玉米籽粒为颖果，是由皮层（果皮和种皮）、胚乳和胚3部分组成。

**1. 皮层**

玉米籽粒皮层由果皮和种皮组成，具有母本的遗传性，皮层下为糊粉层。

果皮由子房壁发育而来，是籽粒的保护层，光滑而密实。果皮表面是一层薄的蜡状角质膜，下面是几层中空细长的已死细胞，是一层坚实的组织。该层下面有一层称为管细胞的海绵状组织，是吸收水分的天然通道。多数果皮无色透明，少数具有红、褐等色，受母本遗传的影响。

种皮是在海绵状组织下面一层极薄的栓化膜，由珠被发育而来。一般认为，种皮膜起着半透膜的作用，限制大分子进出胚芽、胚乳，保护玉米籽粒免受各种霉菌及有害液体的侵蚀。

在种皮和胚乳中间是糊粉层，是厚韧细胞壁的单细胞层，含有大量蛋白质和糊粉粒，营养成分较高。糊粉层具有多种不同的颜色，种皮和糊粉层所含的色素决定了籽粒的颜色。

果皮占籽粒质量的 4.4% ~6.2%，糊粉层占籽粒质量的 3% 左右。糊粉层下面有一排紧密的细胞，称为次糊粉层或外围密胚乳，其蛋白质含量高达 28%，这些小细胞在全部胚乳中的比例少于 5%，它们含有很少的小淀粉团粒和较厚的蛋白质基质。

2. 胚乳

玉米胚乳位于糊粉层内，是受精后形成的下一代产物。胚乳部分占籽粒干重的 78% ~85%。胚乳主要由蛋白质基质包埋的淀粉粒和细小蛋白质颗粒组成，分半透明和不透明两部分。与糊粉层相接的胚乳部分只有黄或白两种颜色。成熟的胚乳由大量细胞组成，每个细胞充满了深埋在蛋白质基质中的淀粉颗粒，细胞外部是纤维细胞壁。按照胚乳的质地分为角质和粉质两类，通常受多基因控制；其他一些胚乳性状，如标准甜、超甜、蜡质、粉质等属于单基因突变体。

对于硬粒型籽粒，其淀粉和蛋白质体更多地集中在胚乳四周，从而形成坚硬的角质外层。

对于马齿形籽粒，粉质结构可一直扩展到胚乳顶部，籽粒干燥时形成明显的凹陷。在形态学上，角质区和粉质区的分界线不明显，但粉质区细胞较大，淀粉颗粒大且圆，蛋白质基质较薄。

粉质区籽粒干燥过程中蛋白质基质呈细条崩裂，产生了空气小囊，从而使粉质区呈白色不透明和多孔结构，淀粉更易于分离。

对于角质胚乳，较厚的蛋白质基质虽然在干燥期间也收缩，但不崩裂。干燥产生的压力形成了一种密集的玻璃状结构，其中的淀粉颗粒被挤成多角形。角质胚乳组织结构紧密，硬度大，透明而有光泽。角质型胚乳的蛋白质含量比粉质区多 1.5% ~ 2.0%，黄色胡萝卜素的含量也较高。角质淀粉因包裹在蛋白质膜中，相互挤压呈稍带棱角的颗粒，而粉质淀粉则近似球状。

3. 胚

胚位于玉米籽粒的宽边中下部面向果穗的顶端，被果皮和一层薄的胚乳细胞包住，也是受精后形成的。玉米籽粒胚部较大，占籽粒干重的 8% ~ 20%，其体积约占整个籽粒的 1/4 ~ 1/3，胚由胚芽、胚根鞘、胚根及盾片构成。

盾片是胚的大部分组织，形似铲状，含有大量的脂肪，可向正在发芽的幼苗输送和消化贮存在胚乳中的养分。

胚芽和胚根基位于盾片外侧的凹处。成熟籽粒中，胚芽有 5 ~ 6 个叶原基。胚芽周围包着圆柱形的胚芽鞘（即子叶鞘）。在玉米发芽时，胚芽鞘首先伸出地面，保护卷筒形幼苗从中长出。胚根基外面包着胚根鞘，是胚根萌发的通道，胚根鞘伸长不明显。

4. 果梗与黑层

种子下端有一个与种皮接连的"尖冠"状的果梗。果梗与种子之间有一层很薄的黑色覆盖物，即黑层。

果梗不仅连接籽粒与穗轴，还有在种子成熟过程中输送养分和保护胚的作用。只有在种子完全成熟时，黑层才出现，因此，黑层的形成是籽粒成熟的标志。在玉米收获脱粒时，果梗常留在种子上。由于遗传原因，有的玉米在籽粒脱粒时果梗脱落，个别的还存在果梗与黑层同时脱落的现象。如果黑层脱落，则在籽粒贮存和萌发时易造成病毒侵入，影响出苗和植株的生长。

## 第二节　玉米籽粒的营养品质

### 一、籽粒品质的概念

根据玉米籽粒的营养成分、加工性能、感观特性，可以将玉米籽粒品质分为营养品质、加工品质、商品品质。营养品质是玉米品种的一个最重要的指标，其不同营养成分含量对玉米籽粒作为粮食、饲料、化工、医药原料的质量都有很大影响。

玉米籽粒营养品质主要是指玉米籽粒所含营养成分的比例和化学性质。营养成分包括：淀粉、蛋白质、脂肪、各种维生素和微量元素等。蛋白质不仅包括人畜必需氨基酸如赖氨酸、色氨酸、蛋氨酸等含量，还包括蛋白质的溶解特性。玉米脂肪品质主要是指不饱和脂肪酸如亚油酸的含量。由于玉米淀粉有支链淀粉和直链淀粉，因此，淀粉品质中支链淀粉与直链淀粉的比例是重要的指标，此外，还包括直链淀粉长度、支链淀粉分支数量等。玉米富含多种维生素，包括维生素 A、维生素 $B_1$、维生素 $B_2$、维生素 $B_6$、维生素 E 等。

微量元素分有益和有害两种，人们需要的是有益矿物质微量元素如 Zn、Se 适量增加，而有害元素如 Cd、As 含量尽可能低或检测不出。

加工品质是指通过深加工后所表现出的品质，目前，玉米加工业主要包括营养成分提取工业和食品加工业。为了提取玉米营养成分，良好的加工品质通常是指易于提取、含量高、杂质少，对于食品加工业，则需要玉米的食用品质或适口性，经过深度加工的产品可以更充分地发挥营养品质的效果，使食品的营养性能与良好的适口性相结合。

商品品质系指玉米籽粒的形态、色泽、整齐度、容重以及外观或视觉性状，还包括化学物质的污染程度。

## 二、玉米籽粒的营养成分

玉米籽粒中含有丰富的营养成分，淀粉、蛋白质和脂肪是普通玉米籽粒的重要营养成分，其中，淀粉含量最高，可达70%以上，其次是蛋白质和脂肪。此外，还有少量的单糖、纤维素和矿物质元素。

### （一）普通玉米籽粒的营养成分及化学组成

营养成分在籽粒各个部分呈不均匀分布，胚乳和胚芽是养分的主要贮存场所，种皮和种脐只含有少量的营养成分。淀粉是胚乳的主要成分，占胚乳总干重的87%左右，此外，胚乳还含有约8%的蛋白质，但由于胚乳在全籽粒中占的比重较大，胚乳蛋白质在全籽粒蛋白质中仍具有举足轻重的作用。胚芽的蛋白质和脂肪含量较多，分别是18%和33%。

#### 1. 淀粉及其他碳水化合物

淀粉是玉米主要贮存物质，主要存在于胚乳细胞，胚芽和皮层的淀粉含量较少。玉米一般含淀粉64%～78%，平均为71%左右。玉米淀粉按其结构可分为直链淀粉和支链淀粉两种。普通玉米淀粉的直链淀粉和支链淀粉含量分别为21%～27%和73%～79%。此外，成熟玉米籽粒中还含有1.5%左右的可溶性糖，其中，绝大部分是蔗糖。

#### 2. 蛋白质

玉米中粗蛋白含量为8%～14%，平均为10%左右，这些蛋白质大约75%存在于胚乳，20%在胚芽中，其余则存在于皮层和糊粉层中。

按照蛋白质溶解性，玉米蛋白质可分为溶于水的蛋白质、溶于盐的球蛋白、溶于酒精的醇溶蛋白、溶于稀碱的谷蛋白和不溶于液体溶剂的硬蛋白，其中含量较大的是醇溶蛋白和谷蛋白。醇溶蛋白是普通玉米籽粒蛋白质的主要组分，占蛋白质总数 50% 以上；谷蛋白占 35% 以上；其余为白蛋白、球蛋白和硬蛋白，各占 5% 以下。各类蛋白质的氨基酸含量差别较大。赖氨酸和色氨酸是人类必需的氨基酸，但醇溶蛋白中含量分别仅为 0.2% 和 0.1%。谷蛋白中的氨基酸组成较为平衡，含有 2.5% ~ 5% 的赖氨酸。

胚芽和胚乳的蛋白质组分存在较大差别，胚乳中醇溶蛋白占 43% 左右，而谷蛋白仅为 28%。胚芽蛋白中，谷蛋白约 54%，醇溶蛋白仅为 5.7%。胚芽中蛋白质的赖氨酸和色氨酸含量分别为 6.1% 和 1.3%，胚乳中蛋白质的赖氨酸和色氨酸含量分别为 2.0% 和 0.5%。从营养价值的角度，胚芽蛋白的营养价值明显高于胚乳蛋白。

众所周知，通常蛋白质是由 20 种基本氨基酸中的部分或全部组成。蛋白质中的氨基酸种类及所占比例，对人体或动物所需要的食品或饲料非常重要。因此，常将含有全部氨基酸的蛋白质叫全价蛋白。对于玉米中的蛋白质，由于其类型不同，所含有的氨基酸种类也不尽相同。其中，玉米醇溶蛋白属于非全价蛋白，因为其几乎不含有赖氨酸和色氨酸等必需氨基酸；而白蛋白、球蛋白和谷蛋白则为全价蛋白。按照营养价值，玉米蛋白并不是人类理想的蛋白质来源。玉米胚中分别含有 30% 左右的白蛋白和球蛋白，是生物学价值较高的蛋白质。

3. 脂肪

玉米籽粒脂肪含量在 1.2% ~ 20% 范围内，一般在 4.5% ~ 5.0%。脂肪的 80% 以上存在于玉米胚中，其次是糊粉层，胚乳和种皮的含油量很低，只有 0.64% ~ 1.06%。玉米油的主要脂

肪酸成分是亚油酸、油酸、软脂酸和硬脂酸。玉米脂肪约含有
72%液态脂肪酸和28%固体脂肪酸。此外，在玉米油中还含有
一些微量的其他脂肪酸以及磷脂、维生素E等。

玉米油是一种优质植物油，稳定性能最好，色泽透明，气味
芳香，含有维生素E酶和61.9%的亚油酸，易被人体吸收，特
别适于家庭食用。玉米油还有降低胆固醇含量、防止血管硬化、
预防肥胖症和心脏病的功效。

**（二）专用玉米的营养成分**

专用玉米泛指具有较高的经济价值、营养价值或加工利用价
值的玉米。这些玉米类型具有各自的内在遗传组成，表现出各具
特色的籽粒构造、营养成分、加工品质以及食用风味等特征，因
而有着各自特殊的用途和加工要求。

（1）甜玉米　又称蔬菜玉米，既可以煮熟后直接食用，又
可以制成各种风味的加工食品或冷冻食品。甜玉米的营养价值高
于普通玉米。除糖分含量较高以外，赖氨酸含量是普通玉米的两
倍，蛋白质、多种氨基酸、脂肪也高于普通玉米。甜玉米籽粒中
还含有多种维生素（维生素$B_1$、维生素$B_6$、维生素C、维生素
E、维生素PP）和多种矿物营养。甜玉米所含的葡萄糖、蔗糖、
果糖和植物蜜糖等都是人体容易吸收的营养物质。甜玉米胚乳中
碳水化合物积累较少，蛋白质比例较大，一般蛋白质含量在
13%以上。由于遗传因素不同，甜玉米又可分为普甜玉米、加强
甜玉米和超甜玉米3类。甜玉米在发达国家销量较大。

（2）笋用玉米　又称笋玉米、玉米笋，是指以采收玉米笋
为目的而种植的玉米品种或类型。玉米笋就是在玉米吐丝（出
绒）前后采收下来的幼嫩雌穗。玉米笋之所以被作为名贵的蔬
菜，是因为它具有较高的营养价值和独特的风味。玉米笋的营养
含量高且养分全，蛋白质、氨基酸、碳水化合物、糖、维生素

$B_1$、维生素 $B_2$ 等都优于其他蔬菜。沈阳农业大学对 16 个品种玉米笋营养成分的测定分析表明，干物质含量占 10% 左右，蛋白质含量占干物质重的 22.3%，脂肪占 2.6%，糖占 33.5%。玉米笋含有 18 种人体必需的氨基酸，其中赖氨酸含量较高。此外，玉米笋含有少量纤维，对人体特别是对消化系统大有好处。

（3）糯玉米　又称黏玉米，其胚乳淀粉几乎全由支链淀粉组成。支链淀粉与直链淀粉的区别是前者分子单链比后者小得多，食用消化率高 20% 以上。糯玉米是中国传统的主要食用玉米类型之一，具有较高的黏滞性及适口性，可以鲜食或制罐头。中国还有用糯玉米代替黏米制作糕点的习惯。由于糯玉米食用消化率高，用于饲料业可以提高饲料的利用效率。在工业方面，糯玉米淀粉是食用工业的基础原料，可作为增稠剂使用，还广泛地用于胶带、黏合剂和造纸等工业。

（4）高淀粉玉米　是指籽粒粗淀粉含量在 74% 以上的专用型玉米品种。而普通玉米粗淀粉含量仅为 60%～69%。高淀粉玉米具有较大的胚乳、较小的胚，这一点与高油玉米相反。

按照玉米淀粉中支链淀粉与直链淀粉含量的比例，可以将高淀粉玉米分为混合型高淀粉玉米、高直链淀粉玉米和高支链淀粉玉米。自然界存在的玉米资源多为混合型或高支链淀粉玉米，但经过人工培育的高直链淀粉玉米品种的直链淀粉含量可达 80%以上。

（5）高油玉米　一般是指含油量在 6% 以上的玉米类型，一般为 7%～10%。由于玉米油主要存在于胚内，因此高油玉米一般都有较大的胚。玉米油的主要成分是脂肪酸，尤其是油酸、亚油酸的含量较高，是人体维持健康所必需的。玉米油富含维生素 E，维生素 A、维生素 B 类和卵磷脂含量也较高，经常食用可减少人体胆固醇含量，增强肌肉和血管的机能，增强人体肌肉代谢，提高对传染病的抵抗能力。研究发现，随着含油量的提高，籽粒蛋白质含量也相应提高，因此，高油玉米同时也改善了蛋白品质。

（6）高赖氨酸玉米　高赖氨酸玉米也称优质蛋白玉米。即玉米籽粒中赖氨酸含量在0.4%以上，普通玉米的赖氨酸含量一般在0.2%左右。赖氨酸是人体及其他动物所必需的氨基酸类型，在食品或饲料中欠缺这种氨基酸就会因营养缺乏而造成严重后果。高赖氨酸玉米食用的营养价值很高，相当于脱脂奶。用于饲料养猪，猪的日增重较普通玉米显著提高，喂鸡也有类似的效果。随着高产的优质蛋白玉米品种的涌现，高赖氨酸玉米发展前景极为广阔。

（7）爆裂玉米　爆裂玉米最主要的特性是它的爆花性能。在常压下不需要特殊设备，加热便可爆裂成玉米花。测定结果表明，爆裂玉米的千粒重低，但容重较普通玉米大。爆裂玉米的胚乳全部为角质，透明状，并且胚所占整个籽粒的比例较小。研究表明，爆裂玉米的胚乳由直径为7~18微米的排列紧密的多边形淀粉组成，淀粉粒之间无空隙，受热后在籽粒内部产生强大的蒸汽压，当压力超过种皮承受力时，瞬间发生的爆炸将淀粉粒膨化成薄片。

据研究，爆裂玉米可提供等重量牛肉所含蛋白质的67%、铁的110%和等量的钙。据国外测定，100克爆裂玉米花中含有蛋白质12克、脂肪4.4克、碳水化合物78克、维生素 $A_1$ 96单位、维生素 $B_1$ 0.13毫克、铁质3.2毫克、钙质7毫克、磷质210毫克、热量382卡、烟碱酸2.1毫克、营养纤维18.3克，可见其营养价值相当高。

**（三）玉米标准及其等级**

根据各种玉米的用途及其指标，中国将普通玉米、优质蛋白玉米、高油玉米、高淀粉玉米、糯玉米、爆裂玉米都分成3个等级。

**（四）高淀粉玉米的分类**

（1）高直链淀粉玉米　玉米直链淀粉含量在60%以上的玉米为高直链淀粉玉米。国外商业化的高直链淀粉玉米的直链淀粉含量达到80%或更高。与普通玉米相比，高直链淀粉玉米的蛋白质和脂肪含量比较高，但淀粉的含量较低，约为58%～66%；淀粉的颗粒较小并且形状不规则。高直链玉米淀粉需进行加压糊化，其淀粉膜特性很好。目前，中国各地零星种植的高淀粉玉米多为混合型高淀粉玉米。

（2）高支链淀粉玉米　支链淀粉含量在95%以上的玉米是糯玉米。糯玉米又称蜡质玉米，起源于中国，普通玉米的突变型。其特点是籽粒淀粉构成中几乎100%是支链淀粉。

（3）混合型高淀粉玉米　是粗淀粉含量达到高淀粉标准，但玉米粗淀粉中既有直链淀粉又有支链淀粉的高淀粉玉米，其直链淀粉含量低于支链淀粉。

# 第三节　玉米籽粒淀粉的分布和种类

## 一、淀粉的组成和结构

淀粉是碳水化合物之一，其组成元素为：C、H、O。分子式为：$(C_6H_{10}O_5)n$，它是由多个 $\alpha$-D-葡萄糖分子通过化学键连接而成，由 $\alpha$-1，4链连接是直链淀粉，而由 $\alpha$-1，6链连接众多分支，即支链淀粉。

## 二、玉米淀粉粒

玉米淀粉颗粒较小，比大米淀粉颗粒稍大，但小于大麦和小麦淀粉颗粒。玉米淀粉的粒径为6～25微米，平均粒径为12～15微米，形状多为多角形和圆形，比较整齐。淀粉粒的形态和大小可因遗传因素及环境条件不同而有差异，但所有的淀粉粒都具有结晶性。表现为比重 0.4 ~ 0.5，粒度通过 120 目筛的达 99% 以上。白度，若以 MgO 的反射光作 100 计，则玉米淀粉为 90 以上，用白马牙玉米制得的淀粉，其白度比用黄马牙玉米制得的稍高。玉米淀粉平衡水分在 13.0% ~ 13.5%，吸湿性小。

### 三、玉米籽粒的淀粉分布

淀粉主要存在于胚乳中，胚芽和表层的淀粉含量极少。玉米胚乳中大约含有 85% 以上的淀粉，胚芽含淀粉 8% 左右，皮层的淀粉含量在 7% 左右。

### 四、玉米淀粉种类、结构和性质

#### （一）直链淀粉

直链淀粉遇碘呈蓝色，是一种线性多聚物，以脱水葡萄糖单元间经 $\alpha - 1, 4$ 糖苷键连接而成的链状分子，呈右手螺旋结构，每六个葡萄单位组成螺旋的每一个节距，螺旋上重复单元之间的距离为 1.06 纳米，螺旋内部只含 H 原子，羟基位于螺旋外侧；每个 $\alpha - D -$ 吡喃葡萄糖基环呈椅式构想，一个 $\alpha - D -$ 吡喃葡萄糖基单元的 $C_2$ 上的羟基与另一相邻的 $\alpha - D -$ 吡喃葡萄糖基单元的 $C_3$ 上羟基之间常形成氢键使其构象更加稳定。

直链淀粉大约含有 200 个的葡萄糖基，少数直链淀粉分子也具有枝杈结构，侧链经 $\alpha - 1, 6$ 糖苷键与主链连接。普通玉米淀粉的直链淀粉含量约为 28%。

#### （二）支链淀粉

支链淀粉遇碘呈紫红色。支链淀粉枝杈位置是以 $\alpha - 1, 6$ 糖苷键连接，其余为 $\alpha - 1, 4$ 糖苷键连接，约 4% ~ 5% 的糖苷键为 $\alpha - 1, 6$ 糖苷键。支链淀粉分子中侧链的分布并不均匀，有的很近，相隔一个到几个葡萄糖单元；有的较远，相隔 40 个葡萄糖单元以上。平均相距 20 ~ 25 个葡萄糖单元。据报道支链淀粉的相对分子质量可达到 $10^8$。支链淀粉是随机分叉的，分子具有 3 种形式的链：A 链，由 $\alpha-1$，4 糖苷键连接的葡萄糖单元组成；B 链，由 $\alpha-1$，4 糖苷键和 $\alpha-1$，6 糖苷键连接的葡萄糖单元组成；C 链，由 $\alpha-1$，4 糖苷键和 $\alpha-1$，6 糖苷键连接的葡萄糖单元再加一个还原端组成。

支链淀粉含有 300 ~ 400 个葡萄糖基链，且带有许多约 24 个葡萄糖单位组成的分支，其分子量明显大于直链淀粉。

# 第三章 环境条件对玉米淀粉含量的影响

## 第一节 自然生态因子对玉米淀粉含量的影响

### 一、气候条件对玉米生育时期的影响

玉米的生长发育、产量的高低与玉米生育期中的农业气候条件有密切关系。而气候条件是一个复杂的系统，包括温度、光照、天然降水等因素的共同作用。

### （一）温度条件对玉米生育期的影响

玉米是喜温且对温度反应敏感的作物。玉米从播种到开花的发育速度受温度的影响，确切地是受生长点处经受的温度决定的。不同生育时期对温度的要求不同。在土壤水、气条件适宜的情况下，玉米种子在10℃能正常发芽，以24℃发芽最快。苗期玉米的生长点低于地面，其生长速度取决于地温。拔节期最低温度为18℃，最适温度为20℃，最高温度25℃，拔节至孕穗期的生长点在叶鞘里，白天生长点处的温度低于周围空气温度，而夜间同周围空气的温度一样。开花期是玉米一生中对温度要求最高、反应最敏感的时期。最适温度为25～28℃，当温度高于32～35℃，大气相对湿度低于30%时，花粉粒会因失水失去活力，花柱易枯萎，难于授粉、受精。当最高气温达38～39℃时，会对玉米造成高温热害，其时间越长受害越重，恢复越困难。玉米灌浆与成熟的最适日平均温度在20～24℃，如遇低于16℃或

高于25℃温度时，则影响淀粉酶活性，养分合成、转移减慢，积累减少，成熟延迟，导致粒重降低而减产。成熟期高于28℃的持续高温干旱会加速叶片衰老，引来玉米早衰导致减产。

研究表明，正常（早）播种期的玉米出苗早，成熟期也偏早。阶段平均气温越高，玉米出苗和营养生长速度越快。平均气温与出苗速率、生长速率的关系是线性的，气温每上升1℃，出苗速率提升17%，营养生长速率提升5%。在东北地区，播种至出苗的下限平均气温是10℃，积温与叶面积、生物量和产量的关系密切。目前，应用的玉米品种生育期要求总积温在1 800～2 800℃，晚熟品种和正常时间播种的玉米，由于活动积温较多最大叶面积指数、中后期生物量、单位面积产量等相关指标都明显高于早熟品种和晚播种的品种。

**（二）光照条件对玉米生育期的影响**

光是作物进行光合生产的主要能量来源。光照条件的改变可明显地改变作物的生长环境，进而影响光合作用、营养物质的吸收及其在植物体内的重新分配等一系列生理过程，最终影响作物的产量。

玉米是短日照作物，喜光，全生育期都要求较强的光照。出苗后在8～12小时的日照下，发育快，开花早，生育期缩短，反之则延长。日照对玉米的影响表现在两个方面：一是光能截获率。据试验和光照强度检测，3万株/公顷玉米光能截获率为67.8%；4.5万株/公顷截获率达78.8%；6万株/公顷达81.8%。在目前产量水平和密度条件下，光照和产量的形成没有成为突出矛盾。二是玉米开花授粉后光照时数是影响玉米品质的重要因子，二者呈线性关系，直线方程为$y = s \cdot x + b$。说明光照增加，利于改善玉米植株内部生理代谢功能，提高产量。由于玉米籽粒中80%的干物质由开花后的叶片制造，因此，抽雄至成熟期，充足日照利于开花授粉和籽粒灌浆。

玉米是 C4 植物，生长需要较强的光照。玉米在强光照下，净光合生产率高，有机物质在体内移动的快，反之则低、慢。玉米的光补偿点较低，故不耐阴，玉米的光饱和点较高，即使在盛夏中午强烈的光照下，也不表现光饱和状态，即玉米无论单株还是群体都没有明显的光饱和点。因此，要求适宜的密度，当群体密度太大时，内部光照条件恶化，影响玉米的光合作用，有机物积累减少，严重影响产量。据研究，玉米生育期间太阳总辐射减少 1 千焦/平方厘米，相当于玉米群体少形成 33 715 千克/公顷生物产量。不仅日照长度和光强会影响玉米的生长发育，光谱成分同样有很大影响。据研究蓝紫光对玉米果穗的发育特别有利。

随着日照的缩短，生育进程加快，可以提前穗分化。北种南移则穗分化提前，生育期缩短；南种北移则穗分化拖后，生育期延长。所以，粒用玉米不能由南向北引种太远，而青贮玉米或青饲玉米可适当南种北引，以使茎叶产量增加。

## （三）天然降水条件对玉米生育期的影响

玉米需水较多，除苗期应适当控水外，其后都必须满足其对水分的要求，才能获得高产。一株玉米一年中要耗水 150～200 千克，是其自身重的 100～200 倍。据资料表明，玉米的蒸腾系数为 240～360，是较耐旱的作物。年降水量 >250 毫米的地区都可种植玉米，但是，最适宜种植的是年降水量 550～650 毫米且分布均匀的地区。中国东北大部分地区的年降水量为 400～800 毫米，降水主要分布在 7—8 月，雨热同季，比较适合玉米生长。

玉米各生育时期耗水量有较大的差距，总的趋势为从播种到出苗需水量少。试验证明，玉米种子萌发要吸收自身重量的 35%～37% 的水分，而玉米播种出苗主要是从耕层土壤（0～20 厘米）吸收水分。因而播种时土壤持水量为 60%～70% 时，才能保持发芽良好，但土壤水分过多或积水（土壤相对湿度≥90%）会使根部受害，影响生长甚至死亡；出苗至拔节，需水增加，土壤水分应控制在田间最大持水量的 60%，为玉米苗期促根生长创造条件；抽穗前 10 天至抽穗后 20 天，需水剧增，抽雄至灌浆需水达到高峰，从开花前 8 ~ 10 天开始，30 天内的耗水量约占总水量的一半；拔节—成熟期要求土壤保持田间最大持水量的 80% 左右为宜，是玉米的水分临界期；灌浆至成熟仍耗水较多，乳熟以后逐渐减少。玉米从出苗至 7 叶期易受涝害，而生长中后期的耐涝性较强。

据资料表明，产量 7 500 千克/公顷的夏玉米耗水量 4 500 ~ 5 550 立方米/公顷，形成 1 千克籽粒大约需水 700 千克。研究还表明，耗水量随产量提高而增加。拔节—成熟期可以土壤相对湿度（土壤绝对湿度占田间持水量的百分率）表示玉米的水分状况：极旱 ≤ 40%，重旱 40% ~ 50%，轻旱 50% ~ 60%，适宜 70% ~ 85%。在干旱年份，早、中熟品种会因过早抽穗和抽丝而导致穗小粒小减产，而晚熟品种则雌雄穗开花间隔增加，当雌雄穗开花相隔 10 天以上就会出现花期不遇授粉不良而引起缺粒减产。这是因为干旱促进玉米的雄穗发育，使早、中、晚熟品种的雄穗分化加快，提前抽穗。干旱对早、中晚熟品种雌穗分化的影响也是提前，对晚熟品种的雌穗分化则拖后。

### （四）$CO_2$ 浓度对玉米生育期的影响

玉米从空气中摄取 $CO_2$ 的能力极强，能从空气中 $CO_2$ 浓度很低的情况下摄取 $CO_2$，合成有机物质，其能力远远大于麦类和豆类作物。玉米的 $CO_2$ 补偿点为 1 ~ 5 毫克/立方米，说明玉米是低光呼吸高光效作物。玉米不同生长阶段呈现碳排放、吸收的不同特征，播种期、苗期、成熟收获期为净排放，拔节至成熟期为净吸收，开花期的 $CO_2$ 净交换量最大，碳吸收最强，而后依次为吐丝—乳熟期、拔节期。

## 二、生育时期对玉米粗淀粉的影响

中国玉米籽粒的粗淀粉含量按地域划分具有南高北低的趋势。东北地区玉米灌浆期的温度合适且昼夜温差大，有利于干物质特别是淀粉的积累，玉米的淀粉含量普遍较高。

淀粉的玉米籽粒中所占比例最大的贮存性碳水化合物，含量约占籽粒干重的70%，由直链淀粉和支链淀粉组成。普通玉米籽粒直链淀粉占23%左右，支链淀粉占77%左右，糯玉米淀粉100%为支链淀粉。淀粉主要存在于胚乳中，占胚乳总重量的87%左右。

籽粒发育初期 ADPG 转葡萄糖苷酶和淀粉磷酸化酶（PⅡ、PⅢ）的活性很低，淀粉含量很少。授粉12天以后，合成淀粉的酶类活性直线上升，其中，在乳熟中期前灌浆速度相对较慢，到22~28天最高，在乳熟中后期籽粒灌浆速度最快，淀粉积累效率较高，淀粉含量和籽粒干物重直线增长。由此可见，从授粉后的14~35天的20天左右时间内，是籽粒中物质转化和灌浆的关键时期。

据研究玉米籽粒淀粉含量随着籽粒生长逐渐上升，在授粉后50天左右时达到最高点，到成熟后又略有下降，总体呈抛物线形状，符合曲线方程 $Y = A + BX - CX^2$。不同类型玉米单粒淀粉积累都呈 S 形曲线，可以用方程 $Y = K/(1 + Ae^{-BX})$ 表示。淀粉积累速率最大的时间均在授粉后32~33天，而最大积累速率在不同类型间明显不同。

## 三、气候条件对淀粉含量的影响

玉米籽粒粗淀粉的形成同时受到基因型、环境以及二者互作的共同影响。一般认为，籽粒产量与其品质之间呈负相关关系，即高产和优质是很难并重的。玉米的品质决定于基因型和生态环境因素（张泽民，1997），品质的优劣是二者共同作用的结果，但基因型和环境哪一个是影响玉米籽粒品质的决定性因素，长期以来人们一直认为基因型是关键因素。生态环境是决定玉米生长发育和品质形成的外因，对作物品质的影响作用十分显著。国内外大量研究结果明确指出，气候（以温度和湿度为主）和土壤因素是影响作物品质的重要因素，玉米粗淀粉含量受到多种因素的影响，不同环境的气候条件如温度、$CO_2$ 浓度、水分、光照和土壤等因素的不同，都可能导致基因表达方式或程度的差异，最终影响粗淀粉含量。

## （一）温度条件对玉米淀粉的影响

温度是影响玉米籽粒形成于灌浆的重要环境条件。灌浆期间的最适日平均温度为 22~24℃，温度低于 16℃，降低光合作用，灌浆速度减慢，粒重降低，成熟期推迟。而温度高于 25℃，又遇干旱时，则会出现叶片过早枯黄，籽粒脱水过快等高温逼熟现象，这些都严重影响籽粒品质建成。在 21~31℃ 范围内温度对籽粒的影响很小。高温可影响糖类代谢及淀粉的合成。有研究资料表明，夏玉米千粒重与灌浆期间平均气温、气温日较差呈极显著相关，平均气温与气温日较差都是影响灌浆时间长短的主要气象因子。生长期间的平均温度显著影响直链淀粉含量。研究发现，高温可影响糖类代谢及淀粉的合成。张毅等研究认为，灌浆期低温会使玉米籽粒淀粉含量降低。张旭等也认为，低温使玉米籽粒淀粉含量降低。在 18.2~26.7℃ 温度范围内，灌浆时间随着平均气温的升高而缩短。说明低温对延长灌浆期有利，高温使灌浆期缩短。

## （二）光照条件对玉米淀粉的影响

玉米属短日照作物，在短日照条件下发育较快，在长日照下发育缓慢。在影响玉米籽粒品质的环境因子中，光照的作用是极其重要的。生育期光照不足，玉米产量和淀粉含量的降低，一方面是由于光合作用下降，生物产量降低；另一方面是来自玉米淀粉合成关键酶活性降低。苗期光照不足主要影响玉米光合性能，降低光合物质形成，进而影响玉米籽粒产量，对籽粒淀粉合成关键酶活性影响较小。花粒期光照不足除降低光合作用导致光合产物减少外，主要是降低了籽粒淀粉合成关键酶活性，进而影响了光合产物向籽粒的运转和分配。

玉米的不同生育时期都有一个适宜的日照时数。特别是乳熟期至成熟期，正值营养物质向籽粒转移的时期，如光照不足，对籽粒品质影响更大。在强光照下合成较多的光合产物，供各器官生长发育，茎秆粗壮结实，叶片肥厚挺拔；弱光照下则相反。植株在 6 层纱布遮光的条件下生长。整株干物质仅为未遮光的68%。光质与玉米的光合作用及器官繁育有密切的关系，一般波长对穗分化发育有抑制作用。短波光有促进作用。而且，短波光对雄穗发育的促进作用比雌穗大；长波光对雌穗发育的抑制作用比雄穗更明显。玉米不同生育期都有一个适宜的日照时数，特别是乳熟至成熟期。正值营养物质向籽粒转移的时期，如光照不足，对籽粒品质影响更大。

## （三）天然降水条件对玉米淀粉的影响

水分是玉米生命活动中需要量最多的物质，在许多生理代谢过程中起着重要作用。光合作用对水分胁迫十分敏感，随水分胁迫程度的加强，玉米叶片的伸展率减慢至停止，同时加速了叶片的衰老过程。光合持续时间缩短，光合速率下降，导致干物质积累下降。当土壤水分是限制因子时，不仅降低玉米产量，而且影响其品质。

中度水分胁迫对玉米不同品种各生育期均有抑制作用。关于水分对籽粒品质影响的生化原因，降水可使根系活力降低，造成土壤中硝酸根离子位差下移，有碍于蛋白质的合成。降雨可提高淀粉产量，稀释籽粒氮含量或对土壤有效氮的淋溶和反硝化作用而减少籽粒蛋白质的形成。

### （四）$CO_2$ 浓度对玉米淀粉的影响

大气中 $CO_2$ 浓度与玉米的光合作用、蒸腾作用及叶温都有密切联系。$CO_2$ 浓度增加，提高了玉米的光合作用能力，净光合速率增大，夜间呼吸速率相对减弱，对于物质积累有利；并且 $CO_2$ 浓度增加，叶片气孔开度小，气孔阻力大，水汽输送能力降低，蒸腾减弱，故而使叶温升高，并且大大提高了水分利用率。通过实验表明，随着 $CO_2$ 浓度的增高，玉米的赖氨酸、蛋白质含量及蛋白质品质逐渐下降，而淀粉含量有所增长。大气中的 $CO_2$ 浓度增加，伴随着全球气候变暖，温度升高。$CO_2$ 浓度增加和温度升高的共同作用对玉米品质的影响结果使淀粉含量下降，脂肪、赖氨酸含量增加，蛋白质品质提高。

## 第二节　灌溉和施肥对玉米淀粉含量的影响

淀粉是玉米籽粒贮藏的主要代谢产物，其数量多寡直接影响玉米产量和品质。随着玉米品种结构的调整，高淀粉玉米做为优质专用玉米品种以其多用途、高效益而备受人们青睐。

一系列研究表明，正在发育的玉米籽粒中，合成淀粉的原料来自叶片中合成的或淀粉降解产生的蔗糖，通过韧皮部长距离运输至籽粒，通过灌溉和施肥等一系列栽培措施，可提高叶片中的磷酸蔗糖合成酶、蔗糖合成酶活性，从而为籽粒提供淀粉合成的底物和数量，影响淀粉的合成。

### 一、灌溉的影响

主要体现在灌溉时期和灌水对玉米粗淀粉含量的影响。

在不同供水条件下，玉米籽粒淀粉及其组分的积累动态和相关酶活性会变化。以开花期为界线，开花期以前各处理一致，灌浆期不供水使籽粒中淀粉含量增高，其中，直链淀粉含量下降而支链淀粉含量提高。花后不供水处理使直链淀粉和支链淀粉均提高。但这并不意味着水分胁迫有利于淀粉积累和品质改善。由于缺水导致玉米籽粒产量严重下降，淀粉产量及其组分产量显著降低。玉米灌浆期水分供应严重不足抑制了籽粒淀粉的积累，不利于玉米产量和质量的提高。玉米叶片中的酶对蔗糖合成和降解的调节机理有待于进一步探讨。

**二、施肥的影响**

主要体现在肥料种类、施用时期、施用量对玉米粗淀粉含量的影响。

**（一）氮肥对玉米籽粒淀粉含量的影响**

氮元素在提高玉米籽粒产量和改善品质方面起着重要的调节作用。淀粉是玉米籽粒的主要成分，其数量多寡直接影响玉米的产量。正在发育的玉米籽粒中合成淀粉的原料来自叶片中合成或淀粉降解产生的蔗糖，蔗糖既是植物的主要光合产物，又是碳水化合物运输的主要形态，通过韧皮部长距离运输至籽粒，在穗轴及小穗柄中卸载，再转化为果糖和葡萄糖，进而合成淀粉、蛋白质和脂肪。

目前，国内外对普通玉米籽粒品质成分的形成已有较多报道。增施氮肥可以促进玉米籽粒淀粉含量的增加，但过量施氮会使籽粒中淀粉含量降低。对高淀粉玉米，随施氮量的增加高淀粉玉米籽粒淀粉含量的变化并不显著。对春玉米，施氮有利于淀粉的积累，有助于提高籽粒中淀粉含量，并认为施氮 200 千克/公顷时最佳，并分期施入，以 1/4～1/3 氮量作底肥，2/3～3/4 量作追肥效果最好。施氮量 200～400 千克/公顷范围内，随施氮量增加，淀粉含量下降。

不同施氮处理对两品种直链淀粉含量影响不明显，但施氮 150 千克/公顷处理能明显提高支链淀粉含量，进一步提高氮肥用量则支链淀粉含量下降。吐丝后春玉米籽粒淀粉含量缓慢增加，到灌浆中期增加迅速，灌浆后期虽有所增加，但增加速度渐缓。随氮肥施用量提高，淀粉含量也表现增加趋势，但氮素用量达到一定程度后，淀粉含量反而不再增高。各品种表现不同。

（二）施磷对玉米淀粉含量的影响

磷肥与玉米籽粒品质关系密切。增施磷肥有利于提高普通玉米籽粒的淀粉和油分。增施磷肥有利于提高玉米油分和蛋白质含量，但籽粒淀粉含量略有降低。淀粉主要在胚乳中积累，而油分和蛋白质主要分布于胚中，高油玉米胚与胚乳的比值大，因此，同一玉米品种，淀粉与油分或蛋白质不能同步提高，但油分与蛋白质可以同步提高，并可能会降低淀粉含量和籽粒产量。

（三）施钾对玉米淀粉含量的影响

钾素对玉米籽粒的淀粉积累具有促进作用，施钾后玉米籽粒的淀粉含量比不施钾的提高了，施用钾肥对玉米生育性状和产量性状都有一定影响，它能增加干物质积累，减少秃顶，籽粒饱满，从而使穗粒数增加，也使穗粒重增加，并降低籽粒含水量，促进玉米早熟。在一定的施肥范围内，随施钾量的增加赖氨酸含量明显增加，过量施钾对赖氨酸的形成与积累有较强的抑制作用；施钾不利于甜玉米籽粒淀粉的形成与积累。

（四）施硫对玉米淀粉含量的影响

硫是蛋白质的组成成分，与作物营养、品质密切相关。含硫氨基酸是人类食物蛋白质中重要的品质限制成分。缺硫使蛋白质的合成受阻，蛋白质组分中水溶性蛋白含量降低，醇溶性蛋白增加；施硫能提高油菜、大豆的蛋白质的质量及含量。施硫影响籽粒淀粉的含量及其组成。施入硫肥后各品种籽粒中淀粉含量大小总体表现为对照、施硫 22.5 千克/公顷、施硫 90 千克/公顷淀粉组分中，直链淀粉、支链淀粉含量逐渐下降，支链淀粉与直链淀粉的比值变化较小。

# 第四章　高淀粉玉米高产栽培

## 第一节　种植方式

种植方式，又称种植形式，是指作物在农田上的时空配置。不同的地区采取适当的种植方式对提高作物的产量有重要的意义。高淀粉玉米的种植方式包括清种（单作）、间作、混作、套作、复种等形式。东北地区生产以清种（单作）为主。间作和套作也有一定的栽培面积。

### 一、玉米清种

玉米清种是指在同一田地上全部种植玉米的一种种植方式，也叫单作。这种种植方式下生长过程一致，耕作栽培技术单纯，便于统一管理。东北地区的清种种植方式可以分为以下几种。

#### （一）等行距种植

等行距种植行距不变，株距根据密度的不同而改变。一般行距为60～70厘米，植株地上部和地下部在田间分布均匀，在高肥水和密度加大的条件下，行间郁蔽，冠层下部光照条件差。目前，大量的紧凑型品种的选育克服了不利条件，提高了单位面积产量。等行距种植田间管理方便，耕地、播种、中耕、施肥、收获都便于机械化操作，是东北地区主要的种植方式。

机械化作业的等行距种植方式需注意以下几点。

（1）精细整地　机械耕地最好在秋天进行深翻，同时起垄镇压，以利于保墒。秋整地要求耕深一致，一般在 20～25 厘米。
辽宁省西部半干旱区农田水分状况研究发现，秋翻配合冬灌可使
1 米深的褐土土体有效储量增加 100 毫米，占该地土体总体有效
水分的 2/3，使作物足以抗御春旱和夏旱。秋翻地可有效地使土
壤得到休闲，形成良好的土壤结构，同时减少前作以根茬为寄主
的活虫体和病源。秋翻不宜过晚，越早越好，收获完毕后马上翻
地，这样可以延长土壤的休闲期，有利于接纳秋冬雨雪，提高土
壤含水量。春耕地往往会散墒，增加春天作业压力。也不利于上
虚下实的土地结构形成，易引起土壤风蚀。深翻、深松能够调节
雨量的季节性分配，利于抗旱除涝，蓄水保墒，缓解春播旱情，
还可以提高地温，加速玉米发育过程，增强玉米营养体素质，促
进生育后期土体放寒增温，实现早熟高产。东北地区在原有垄作
的基础上，发展了耕松耙相结合、耕耙相结合、原垄播种、掏墒
播种等土壤耕作法，其保墒、抢农时。提高早春地温、防止风蚀
效果显著。

　（2）合理选用品种　根据本地的年积温、霜期，选择高抗、
高产并且通过省级以上农作物品种审定委员会审定的高淀粉玉米
品种。这些品种在当地经过多年多点的品种鉴定试验、区域试
验、生产试验以及品质分析，品种的遗传性状比较稳定，对其优
良的性状、生产性能在实践中都有较准确的认识，所提供的技术
参数比较可靠，在同等条件下有利于高产稳产。

　（3）适时早播　东北地区提倡适时早播，这样不仅可以抢
墒情，并且可以促进早熟、防秋霜。玉米对温度反应较为敏感，
低温和倒春寒对玉米出苗极为不利，往往会造成冷害，影响全
苗。秋霜又往往造成果穗不能正常成熟，影响了籽粒的淀粉含
量。在实际生产中一般把耕层 5～10 厘米地温稳定在 10℃ 为适
宜的玉米播期。土壤水分也是影响玉米播期的重要条件，一般要
求玉米适宜播种的田间持水量在 60%～70%，也就是常说的

"手握成团，落地即散"。不同生态区的播种期不同，从辽宁省到黑龙江省积温相差很大，播期从4月15日到5月10日不等。机械播种时要把种子种在湿地上，种子与化肥分离，并且马上镇压。东北地区普遍采用机械播种，一般是四轮拖拉机带动双行的播种机械，最好在拖拉机的前方焊接一个略低于垄台的铁片，在播种的时候能够先把垄台上的干土推开，露出湿土，这样就不会落干，并且出苗整齐。

(4) 加强田间管理　俗话说"三分种、七分管"，因此，田间管理是不可忽视的。玉米出苗后要及时进行查苗补栽。补栽可以采用带土移栽的方式进行，补栽时间最好在下午或者阴天，尽量多带土，以利缓苗，提高成活率。玉米长到3~4叶片时间苗，此时正值断乳期，要求有良好的土壤通气、水分、养分和光照条件，以利于根系的发育。间苗过晚易造成苗欺苗。间苗应及早进行，除去小苗、病苗、弱苗，留下壮苗。铲地、蹚地不仅仅可以除草助苗，而且可以疏松土壤增加通透性，提高地温，消灭杂草，减少水分、养分的消耗以及减少病虫害，促进微生物活动，满足玉米生长发育条件。黑龙江地区一般进行两次中耕，定苗以前进行第一次中耕，要求深蹚，但不要上土，目的是防止第二次中耕时起块，促进根系下扎。雨季来临之前进行第二次中耕，第二次中耕要上土、起大垄，防止倒伏。玉米地虫害主要有玉米螟、蚜虫、地老虎、棉铃虫、灯蛾、麦秆蝇等。发生病虫害时会造成不同程度的减产，甚至绝产，所以应随时做好病虫害的测报工作，发生病虫害，应及时防治。

(5) 适时收获　每个玉米品种在同一地区都有相对固定的生育期，只有满足生育期要求，玉米才能成熟，达到高产优质的目标。东北地区的玉米有"假熟性"，即籽粒不到完熟期果穗苞叶就变黄，看似成熟，实际上籽粒还在灌浆，尚未成熟。高淀粉玉米以收获籽粒为目的，所以，应在玉米完全成熟时收获，有利于提高籽粒的质量。玉米完熟的标志是籽粒变硬，表面有光泽，靠近胚的基部出现黑色层，玉米籽粒乳线消失，这时达到生理成熟即完全成熟。

### （二）大垄双行种植

大垄双行种植方式适宜干旱少雨、有灌溉能力的地区，是指把过去的清种两小垄合为一大垄。把 60~70 厘米宽的小垄改为 120~140 厘米宽的大垄，在大垄上种两行，大垄的垄距（大行距）为 80~100 厘米，而大垄上的玉米行距（小行距）40 厘米，这样就形成了一宽一窄的群体。玉米通过大垄双行的栽培形式，不但可以增加 10%~15% 的密度，同时还形成良好的通风条件，人为地造成边行优势改善了群体环境，充分利用光、热资源，是玉米增产的有效途径。

大垄双行种植增产原因如下。

（1）增加有效穗数　玉米大垄双行栽培的密度比常规清种增加 10%~15%，有效穗数增加 6 000~7 500 穗/公顷。

（2）增加穗粒数　大垄双行栽培通风透光条件好，提高花粉的活力，从而使授粉能力加强。据调查，玉米秃尖可减少 1 厘米左右，每穗粒数增加 20 粒左右。

（3）增加叶面积指数　据调查，大垄双行栽培比清种的最大叶面积指数增加了 0.5，干物质积累比清种高出 10%。

（4）改善田间通风透光条件　大垄双行栽培田间透光率高，植株叶片相互遮蔽面积小，利于通风透光，光合作用率高，有利于干物质积累，改善群体生育环境，为正常生长发育和产量形成提供了良好的生态条件。

（5）增强抗旱耐涝能力　由于垄面宽，水土流失小，蓄水保肥能力强，增强了抗旱耐涝性。

### （三）玉米宽窄行种植

玉米宽窄行种植是指把现行耕法的均匀垄60厘米或70厘米，改成宽行80厘米或100厘米、窄行40厘米，宽窄行种植追肥在80厘米或100厘米宽行，结合追肥进行深松，秋收时窄行苗带留高茬（40厘米左右）。秋收后用条带旋耕机对宽行进行旋耕，达到播种状态，窄行苗带留高茬自然腐烂还田。翌年春季，在旋耕过的宽行播种，形成新的窄行苗带，追肥期，再在新的宽行中耕深松追肥，即完成了隔年深松、苗带轮换、换位种植的宽窄行耕种。改善了后期行间光照条件，充分发挥边行优势，使"棒三叶"处于良好的光照条件下，有利于高产。

宽窄行种植的特点是植株在田间分布呈非均匀配置，能调节玉米生育后期的个体与群体发育的矛盾，充分发挥边行优势，利于管理。宽窄行种植培肥土壤，改善土壤生态环境，促进玉米生长发育，根系数量增多，叶面积大，光合势强，保绿期长。

### （四）地膜覆盖种植

地膜覆盖种植是在精细整地后，覆盖农用地膜的一种种植方式。在东北地区为了解决玉米高产与积温不足以及春季干旱之间的矛盾，拓宽品种类型的选择范围，许多地区采用这种种植方式。用地膜覆盖种植方式要求地势平坦，土层比较深厚，土壤比较疏松，地里无坷垃和残茬，整地质量比较高的地块。地膜覆盖种植能够提高地温，增加积温；防旱保墒，增加地面的光照强度；改善土壤的理化性状，促进微生物活动，加快土壤养分的分解，为玉米生长提供了更有利的生活环境。因此，地膜覆盖的玉米可比裸地玉米早熟5～15天，增加1 500～2 000千克/公顷玉米，经济效益十分明显。

地膜覆盖种植方式有先覆膜后播种和先播种后覆膜两种。两种播种方式都采用大小垄或宽窄行的种植方式，大垄60厘米，小垄 40 厘米，垄台高 15~20 厘米，地膜覆盖一般选用 0.006~0.008 毫米，幅宽 1.0~1.2 米的农用高密度聚乙烯透明膜、低密度聚乙烯膜或用线型聚乙烯共混薄膜。覆膜时一定要拉紧，紧贴地皮，在膜的两边压盖 4~5 厘米厚土封严，每隔 3 米左右横压土腰带，防止大风揭膜。采用先覆膜后播种的播种方式，用木棒扎直径 3~4 厘米、深 5~6 厘米的孔，孔内点种子 2~3 粒，然后覆土封严。先覆膜后播种有利于保墒，也利于严格控制密度。打孔播种后如遇降雨，应及时地破除膜孔板结，助苗出土。先播种后覆膜的地块一般 10~15 天出苗，出苗后要及时放苗，防止高温烧苗。放苗后，一定要注意用土把膜孔封严，防止走风漏气和杂草滋生。

玉米生长到大喇叭口期以后，环境温度升高，而这时膜内温度过高反而对根系的生长发育不利。另一方面，覆膜会影响土壤接纳自然降雨，因此在雨季高峰来临前要及时揭膜。收获后要清除废膜，以免废膜破坏耕层，影响土壤中气体的通透性，影响下一年的生产。在选用地膜类型时最好选择可降解的地膜，以减少对环境的污染和提高下季作物播种质量。如用高淀粉玉米制作的可降解地膜。

### （五）"二比空"隔行种植

"二比空"隔行种植是在原来小垄的条件下种两垄空一垄，密度在 60 000 株/公顷以上，即行距 50~70 厘米、穴距 40~70 厘米、株数 57 000~70 500 株/公顷，比常规栽培加三四成苗。每穴播种 2~3 粒，粒间不超过 1 厘米，目的是解决"双株"一个营养中心，保证同时获得养分。

玉米"二比空"隔行种植形式，具有改善田间光、气、热环境，促进玉米光合作用，加速碳水化合物的转化和干物质积累，方便田间作业等优点。多年实践证明，在相同密度下"二比空"比清种增产 18%，比空就要整株，一般生产田整株 10%

即可，高产田不得超过20%，行距不得小于50厘米，株距不得小于22厘米。

## 二、玉米间、套作

### （一）间套作的概念

#### 1. 间作

在一块地上，同时期按一定行数的比例间隔种植两种以上的作物，这种栽培方式叫间作。间种往往是高秆作物与矮秆作物间种，如玉米间种大豆或蔬菜。间作的两种生物共同生长期长。实行间种对高作物可以密植，充分利用边际效应获得高产，矮作物受影响较小。由于通风透光好，可充分利用光能和$CO_2$，能提高20%左右的产量。其中，高秆作物行数越少，矮秆作物的行数越多，间种效果越好。通过不同作物品种的搭配，有利于充分利用地上部的光照条件和耕作土壤的养分条件。

#### 2. 套作

两种或两种以上的作物在其生活周期中的一部分时候同时生长在田间，即在前季作物成熟前就播下另一季作物。在田间既有构成复合群体共同生长的时期，又有两种作物分别单独生长的时期。充分利用空间，是提高土地和光能利用率的有效措施。套作是一种从空间争取时间的方式，能使后续作物适当提前播种或移栽，但又不会使前后两季作物在共同生长时期内相互造成不良的影响。

### （二）玉米间套作的增产原理

产量是衡量不同种植方式优劣的主要指标之一，它为带型设计、种植方式、栽培措施选择等提供评判依据。另外，能否集约高效地利用当地光、温等气候条件，也是评价种植模式优劣的关键指标。间套作模式就是从提高产量的角度出发，通过各茬作物的衔接组合，力求使耕地周年单产能上一个新台阶，不断挖掘多熟高产的潜力，使其对资源的利用更为集约高效。

1. 空间上的互补

在间套作的复合群体中，不同类型作物的高矮、株形、叶形、需光特性、生育期各不相同，把它们合理地搭配在一起，在空间上分布比较合理，就有可能充分利用空间，使群体在空间上的利用率大大提高。

（1）增加玉米绿叶的受光面积　玉米为单一群体时，基叶伸展的高度都在同一水平，生长速度相对一致，幼苗时期叶面积指数较小，绝大部分阳光被土壤吸收和反射掉，但在作物生长盛期，叶片又过多，相互遮阴，阳光只能被上部叶片吸收，下部叶片得到的阳光很少，不但不能利用光能合成干物质，反而消耗自身的能量。间套作由于采用不同高度、不同品种、不同基因、不同生长特性的作物相继相间种植，处于不同生态位的作物对光的吸收和投射不同，因而形成了群体立体受光的层面，从而更充分地利用了光能，玉米与马铃薯间套作，由于其株型、叶形、需光特性各不相同，增加了这个复合群体的总密度，从而增加截光量和侧面受光，减少了漏光和反射，改善了群体内部和下部的受光状况，提高了光能利用率。

（2）延长玉米叶片的光合时间　玉米叶片生长发展大体经历3个时期，从出苗到抽雄为生长阶段的上升期；抽雄到灌浆乳熟期为稳定期；从乳熟末开始进入衰老期。玉米在东北地区生长发育中在稳定期前后会出现一次盛期，如果合理间套作，则可以延长光合作用，出现两个生长盛期和两个光能利用率高峰，从而提高产量。合理的间、套、混种使复合群体叶群分布趋向理想。群体内消光系数变小，增加了复合群体的叶面积指数与照光叶面积指数，延长光合时间，提高光能利用率，从而使得复合群体获得高产。

（3）增加田间风速和 $CO_2$ 含量　群体 $CO_2$ 含量的高低直接关系到作物进行光合作用的快慢，进而影响作物的产量，因为 $CO_2$ 是进行光合作用制造碳水化合物的原料，而群体中风速又与 $CO_2$ 密切相关，风速大空气流动快，有助于带来更多的 $CO_2$。作物单作时，由于组成群体的个体在株高、叶形以及叶片间的伸展位置基本一致，通风条件很差，限制了光合作用的进行。当玉米和矮作物间套作，下位作物的生长带成了上位作物通风透光的"走廊"，有利于空气的流通和扩散。风速与叶温也有关系，风速大，叶温就低，抑制了呼吸作用，表现光合作用上升。

（4）增加边际效应　间作玉米的边行优势更为明显，特别是 2 行玉米，垄垄是边行，密度可比清种增加 0.5~1 倍，2 行玉米可以收到 3~4 行清种玉米的产量。每垄行数增加，边行相对减少，中间行的玉米密度也将随着行数的增加而下降，直到与清种玉米密度相当。增产效果也随着降低，一般 4 垄玉米能收到清种玉米 6 垄的产量。边行玉米的特点是棵矮、棒大、经济系数高、双穗率增加。据吉林省农业科学院测定，间作玉米比清种玉米的经济系数提高一成以上。

2. 时间上的互补

在单作的情况下，只有前作收获后，才能够种植后种作物。间作时，通过充分利用空间达到充分利用时间，而套作充分利用生长季节效果更显著。时间的充分利用，避免了土地和生长季节的浪费，意味着挖掘了自然资源和土地资源，有利于作物产量和品质的提高。

3. 地下因素的互补

玉米根系分布较深，矮秆作物根系分布较浅，这样的作物间作，可分层利用养分和水分。玉米对氮的需求量高，对磷、钾的需求量低，而大豆可借助根瘤菌固定空气中的氮，对氮的需求量较少，对磷、钾的需求量大，这样的间作使土壤中的养分得到很好的互补。间作套种比单作具有明显的产量优势，其生物学基础在于资源的有效利用，在作物营养方面主要是养分吸收量的增加和养分利用效率的提高。因而间作后土壤有机质含量分别高于单作玉米。

**4. 生物间的互补**

间套作的复合群体对病虫草害的程度有一定的影响。间套作物的精细管理，打破了杂草、害虫的生长规律，使大量杂草消亡。在结籽前萌芽状态，害虫在幼龄期夭折，从而减少了农药的使用次数，使农药成本下降 50%，草害减轻 65% 间套种植方式也可对玉米病害发生影响，晚玉米间作绿豆，玉米纹枯病和玉米小斑病的发病率和病情指数均低于清种玉米，间套作有助于提高玉米对小斑病和纹枯病的免疫力。大豆和玉米间作和同穴混播种植可解决粮油争地的矛盾，且经济效益比单作豆田高，是高效的种植模式。同时，这两种种植方式有利于减少天敌昆虫等发生，使大豆病虫害发生轻。

**（三）玉米间套作的类型和技术要点**

间套作复合群体比单作具有更复杂的特点，除了有种内关系外又增加了种间关系；除了水平结构外又增加了垂直结构；群体内的生态条件也因此，发生了变化。如果这些因素处理不当，互补性削弱，竞争激化，结果适得其反。因此，选择搭配作物，配置田间结构对间套作有重要影响。

**1. 玉米间套作的主要类型**

（1）玉米与大豆间作　玉米与大豆间作是东北地区分布较广的一种类型，一般在中等地力以上地区适宜。目前，行比繁多，行比不同，玉米大豆的产量变化趋势有所不同。有 2：2、

2：4、2：6、4：2、6：2、6：6 等。吉林农业大学的试验结果表明，玉米与大豆 6：4 间作，间作在大豆产区一定要保证大豆的产量和质量，大豆以 4~6 行、玉米以 2 行为理想，否则大豆单产下降。

（2）玉米与谷子间作　这是东北地区西部常用的种植方式。行比通常是 2：4、2：6、2：8，玉米以收获籽粒为主，谷子粮草兼顾。其优点是谷子可以受到玉米屏障，减轻脱粒和倒伏；玉米依靠边行优势，产量增加。

（3）玉米与草木樨间作　这是中等地方常用的种植方式。行比通常是 2：1，草木樨 4 月初播种，玉米 4 月下旬播种，6—7 月收获草木樨作饲料或绿肥，让草木樨继续生长割第二茬，玉米株距缩小，加大密度。玉米与草木樨间作较单作略有减产，但多收草木樨 7 500~15 000 千克/公顷。

（4）玉米与马铃薯间套作　玉米、马铃薯间套作常规 2：1 套种。玉米于 4 月末播种，9 月成熟收获；马铃薯于 4 月初播种，7 月份初收获。地膜马铃薯于隔沟玉米间作方式更能够获得高产。玉米、马铃薯间套作充分利用了光热资源和土地资源，不但获得较高的马铃薯产量，同时玉米也获得 6 900 千克/公顷的产量，高秆作物玉米与矮秆作物马铃薯，应用时空技术进行套作，使两种作物在共栖期内协调生长，使复合群体的单位面积产值均比单作有大幅度增加。

（5）玉米与小麦间套作　早春顶凌起垄，垄距 60 厘米，每隔两行，将一垄的土返到左右行间。搂平后，形成沟台，台顶宽 60 厘米，沟底宽 60 厘米，3 月末 4 月初播种春小麦，沟中播小麦 5 行，行距 15 厘米，5 月初播种玉米，台上播种 2 行，行距 45 厘米，可以发挥前期小麦，后期玉米地边行优势。玉米在生长前期遇到干旱等不良环境时还能降低株高，起到蹲苗作用，因而采用玉米与小麦间套作，在生长季许可的情况下，应选择生育期较长的品种，尽量减少玉米生殖生长与小麦的共栖期时间。

2. 玉米间套作的技术要点

（1）选择适宜的间套作品种　在群体的互补和竞争关系中，如果处理不当，互补削弱，竞争激化，结果适得其反。因此，如何与玉米搭配作物已是间套作的重要内容。选择和玉米生态位有差异性的作物，也就是说在生产中根据生态适应性来选择作物及其品种进行合理搭配，要求间套作的作物对环境条件的适应性在共栖期间要大体相同，否则，它们根本就不能生长在一起。所选择的作物应该和玉米在有关部分或方面相互补充，植株的高度要高低搭配，株型要紧凑与松散对应，叶子要大小尖圆互补，根系要深浅密疏结合，生育期要长短前后交错。

（2）配置好田间结构　间套作的作物属于复合群体结构，包括垂直结构和水平结构。垂直结构简单，水平结构复杂，包括密度、行数、间距、带宽等。玉米与矮秆作物间套作，玉米的种植方式不变，密度变；副作物的多少根据水肥条件决定，水肥条件好的，密度就大一些，反之密度小一些。"矮要宽，高要窄"，以玉米大豆间作为例，从增产的效果出发可以采取 2∶4、2∶6 的方式，以充分发挥玉米的边行优势。间距是相邻两作物边行的距离。间距过大则减少作物行数，浪费土地，过小则加剧作物矛盾。带宽是间套作的各种作物顺序种植一遍所占地面的宽度。确定间套作的带宽，涉及许多因素，一般可根据作物品种特性、土壤肥力以及农机具来确定。

（3）加强田间管理　在玉米与其他作物间套作情况下，虽然进行巧搭配可以达到田间的合理安排，但它们相互间仍然有矛盾，还是有争光、争肥、争水的现象，通常通过田间管理缓解这些矛盾。第一，适时播种。与单作相比适时播种更具有特殊的意义，要考虑不同作物的适宜播种期，也要考虑到它们各生长阶段都能处于适宜的时期。第二，增施肥料。玉米和另一种作物有共栖期，需肥量大，上茬收获后要促进下茬的生长。第三，病虫害的防治。间套作虽然可以减少一些病虫害，但丝黑穗、玉米螟、红蜘蛛、蝼蛄等病虫害也会出现在田间，应进行综合性防治。

## 第二节　高产栽培技术体系

### 一、选用良种

#### （一）优良品种的作用

品种是农作物获得高产、稳产、优质的内在因素。优良品种是农业生产最基本、最有效、最经济、潜力最大的生产资料。生产实践证明，优良品种的应用和推广，无论是提高产量、改善品质、增强抗逆性，还是在调整耕作制度等方面均有显著作用。据世界粮农组织统计，近 20 年来，粮食单产的提高，优良品种的增产作用占 20% ~ 30%；选用优良品种可以有效利用光、温、水、肥及土壤等资源，改进耕作制度。在玉米生产中，优良品种的作用尤为明显。

#### （二）优良品种的类型

东北地区种植高淀粉玉米品种主要实行春播一年一熟制，以收获高淀粉玉米籽粒为目的。目前，中国各地零星种植的高淀粉玉米多为混合型高淀粉玉米。根据生育期长短可划分为早熟、中熟及晚熟 3 个类型。

在品种确定之后选用优质种子（纯度、发芽率、发芽势等达到国家质量标准），种子应达到净度不低于 98%，纯度不低于 99%，发芽率不低于 85%，含水量不高于 14% 的标准。必须纯度高，籽粒饱满，大小均匀无病害，发芽势强，且以此决定播种量。

**（三）选用品种的原则**

（1）生育期　选择熟期类型适宜的品种，通常是选用当地初霜来临前 5～10 天达到完熟的杂交种，以利于高淀粉玉米品种在田间有一定的时间脱水干燥。当采用保护栽培或育苗移栽技术时可种植较晚熟品种。有效积温较少的地区及丘陵、山地应种植生育期较短的早熟品种，不要越区种植晚熟品种，以免造成籽粒含水量高、品种差。

（2）产量水平　选用平均产量不低于当地主推品种的高淀粉玉米品种。

（3）抗性　注意入选品种的抗倒伏性、抗逆性以及抗病虫害等特性。

（4）生产条件　要考虑耕作制度、土壤肥力水平、种植形式、田间管理水平等生产条件。只有选用适合的品种，才能有效而充分利用当地各种资源，发挥品种潜力，进而达到高产、优质。

（5）种植方式　应根据种植地区的耕作制度与光、温、水、肥等因素选择适宜的种植方式。清种时，一般选用生育期较长的高产品种；间、混、套种时，选择株型紧凑、抗倒伏能力强、单株产量高的品种。

选择优良品种不但要根据本地的无霜期长短、土壤条件好坏及杂交种的特性，也要根据栽培目的与市场需求，尽量提高品种的经济效益。

**二、种子处理**

在注意品种抗病性、生育期等诸多因素的基础上，精选种子，通过晒种、浸种等方法，增加种子发芽势，提高发芽率。东北地区尤其是高寒地区种植高淀粉玉米品种，种子易丧失发芽力。为保全苗，播种前应进行严格选种与处理。生产上主要采用晒种和种子包衣等方法进行处理，以增加种子的活力，提高发芽势和发芽率，减轻病虫为害，达到苗全、苗齐和苗匀、苗壮。

## （一）晒种

晒种可以提高种子活力，增强种皮透水性，提高种子发芽势和发芽率。种子播种后发芽快、出苗壮。

具体做法：玉米播种前选晴朗天气，将种子薄薄地摊在席子上，或摊在干燥向阳的土场（不可选用水泥场地）连续晒种 3 ~ 5 天，并经常翻动，使之受热均匀。高温天气切忌把种子摊在金属板或水泥地上，以免温度过高烫坏种子。晒种对于增加种子皮层活性和吸水力、提高酶活性、促进呼吸作用和营养物质的转化均有一定作用，可促进玉米提早出苗 1 ~ 2 天，提高出苗率 10% 左右。

## （二）浸泡催芽

早播、补种或种子发芽率过低需要催芽播种时，应浸种催芽，熟期较晚品种为争取早熟也应催芽播种，浸种催芽可早出苗 5 ~ 7 天，促早熟 7 ~ 10 天。浸种分为清水浸种和药剂浸种。清水浸种有冷水和温水浸种。冷水浸种 6 ~ 12 小时；温水浸种，水温 55 ~ 57℃，浸泡 4 ~ 5 小时。温水浸种可有一定防病效果。浸种时应注意籽粒为马齿形品种浸种时间可短些。浸过的种子阴干后方可播种，勿晒，勿堆放，勿放塑料袋内。还可采用药剂浸种。

催芽方法：用 45℃ 温水，将种子倒入搅动，保持水温 25 ~ 30℃，浸泡 12 ~ 18 小时，种子吸胀后，捞出堆放，保持堆放种子温度 25 ~ 30℃，勤翻动，经 24 ~ 30 小时即可萌发。

## （三）种子包衣

播种前选用安全的玉米专用种衣剂进行人工或机械包衣，可有效控制玉米苗期病害、玉米丝黑穗病和地下害虫，同时对玉米茎腐病也有一定抑制作用，还可以提高玉米保苗率。包衣是在种子外表均匀包上一层药膜，由于药膜含有农药、肥料、植物生长调节剂等物质，能起到杀菌、杀虫和促进幼苗生长的作用。具有省工省时、降低生产成本、使用方便等特点。包衣后的种子不必浸种和催芽，可直接播种。

因包衣剂含有农药，播种时需戴上乳胶手套，防止药剂浸入皮肤，引起中毒，剩余种子不能用作饲料，更不能让儿童接触，防止中毒。

### 三、播前整地

播前整地的实质就是为玉米高产创造一个良好的耕层构造和适度的空隙比例，进而调节土壤水分存在状况、协调土壤肥力等因素间的矛盾，为玉米的播种和种子萌发、出苗创造适宜的土壤环境。一般连作地块在上年玉米收获后，施入有机肥料，耕翻后及时耙耢，保住冬春雪雨积蓄于土壤的水分，以保证种子吸收发芽。

#### （一）选茬

玉米是比较耐连作的作物，但生产水平较低时连作对玉米产量有较大影响。连作最大的缺点是土壤肥力降低，黑粉病、丝黑穗病以及玉米螟等为害严重。因此要尽量避免连作和重茬，应进行轮作倒茬，合理利用茬口，减轻连作的病虫草为害，改善土壤环境，有效利用土壤水分和降水。东北地区春播一年一熟区以大豆—玉米—小麦3年轮作较好，由于小麦种植面积逐年减少，目前，玉米最好是与大豆、其他作物轮作。但选择茬口时，要注意前茬土壤中农药残留对后茬玉米的为害。

#### （二）选地

玉米根系发达，分枝旺盛，据测玉米根系一般入土在1.5米左右，最深可达 2 米以上，一般分布在 1 米左右，主要分布于 0 ~ 20 厘米的耕层内。因此，种植高淀粉玉米品种首先要选择耕层土质疏松、土壤团粒结构良好、土壤孔隙适当、保水保肥性能强的地块，浇水后湿而不黏，干而不板结，利于根系生长。

其次要求土壤通气性较好，利于微生物活动，保证养分释放。一般在湿润的气候条件下，耕层总孔隙度自上而下在 52% ~ 56%，其中，毛管孔隙与非毛管孔隙比例为（1 ~ 1.5）：1，在半干旱气候条件下，毛管孔隙与非毛管孔隙比例偏高，（2 ~ 3）：1。前者土壤通透性能较好，后者则在干旱条件下可减少土壤水分的扩散和蒸发，增强土壤抗旱保墒能力。据报道，土壤的通气性能与土壤容重有关，一般土壤容重在 1.1 ~ 1.31 克/平方厘米，土壤通气性能较好。土壤容重低时不利于土壤保墒，反之则不利于根系的生长发育。

再次要选择土壤有机质含量高与肥力水平较高地块。要获得高产、稳产，必须有良好的土壤基础，土壤有机质含量与土壤肥力高，施用化肥量可适当减少。

## （三）整地

精细整地是保证出苗质量的重要措施，可以改善土壤物理结构，增加土壤耕层非毛细管孔隙，提高总孔隙度，增强土壤的通透性。深耕翻或深松土可以改善耕层土壤水、肥、气、热等条件，增强耕层土壤微生物活动和养分积累释放，有利于蓄水保墒，促进玉米根系生长发育，减轻杂草和病虫害，确保出苗快而整齐，达到苗全、苗齐、苗匀、苗壮。

东北玉米春播区，大多春天风沙较大，易干旱，整地关键在于抗旱保墒保全苗。春播区整地技术一般分为秋整地和春整地，最理性的是秋整地。秋整地的好处是土壤经过秋冬冻交替，土壤结构得到改善，便于接纳秋冬雨水，有利于保墒。秋末冬初，及早深耕，以利于土壤熟化，接纳雨水。耕后耙糖保墒，广开肥源，施足底肥，增施有机肥来培肥地力，都是高淀粉玉米高产的基础。由于一些地区近几年普遍应用旋耕犁整地，导致土壤耕层变浅、蓄水保墒能力变弱，因此，秋耕时强调要深耕 25～30 厘米，加深活土层，耕后耙平耙细，达到消灭明暗坷垃、节水保墒的效果。实行播后镇压、早春镇压及雨后划锄等以提墒保墒。春整地易失墒，土块不易破碎，影响播种质量。选择不同土壤耕作方法，适应不同土壤条件与栽培方式。目的都是为了松土、灭草及保墒。在大型农场有普遍耕法和少耕法，前者强调秋耕，耕深 20～25 厘米。春耕加耙耢作业对掩埋残茬、疏松土壤与消灭杂草有较好作用但作业次数多，破坏土壤结构，增加成本。少耕是在作物生长期间还要进行一或二次耕作，而免耕则完全利用除草剂控制杂草，在作物生长期间不进行任何耕作，东北地区农村多实行垄作制，垄由高凸的垄台和低凹的垄沟组成，作垄方法有整地后起垄、不整地直接起垄以及山坡地等高起垄等。

玉米的土壤耕法依前茬不同，前茬为大豆时多在原垄种植玉米；前茬为马铃薯时秋后不进行耕作，原垄种植玉米。在坡地种植时宜采用免耕法，减少水土流失。东北地区一般以 3～5 年为一个免耕周期。采用少耕法的地块一般草害与鼠害较严重。

**四、适宜的种植密度**

自 20 世纪 50 年代作物生产提倡合理密植以来，群体高产即以密保产等理论得到认可。国内外的科学研究与生产实践均已证明：高产玉米的净同化率并不高而光合势大，因此，适宜的种植密度、扩大群体光合势是提高玉米产量的重要技术措施。

**（一）确定密度的原则**

玉米高产栽培就是根据当地自然条件、生产条件和品种特性，在单位土地面积上种植适当的株数，使玉米与环境统一，群体与个体统一，以及与玉米产量三因素相协调，平衡在较高水平上，建立起高产玉米群体结构，达到高产、优质、高效。

确定种植密度必须根据当地自然条件、品种特性、土壤条件、灌溉条件而定。

（1）种植地区自然条件　玉米的适宜种植密度与纬度、温度、日照、地势等自然条件有关。纬度升高，日照时数增加，玉米生育延长，密度宜低；纬度降低，积温和日照时数减少，玉米生育期变短，密度宜高；同一纬度带随经度的东移，积温和日照时数减少，密度宜高。

玉米是不典型的短日照作物，东北高纬度地区的长日照和低温会使生长育期延长，密度宜低。地形、地势对玉米的种植密度也有影响。同一地区、同一品种，地势高、气温低的地方，玉米生长矮小，密度宜大些。地势低洼、气温高的地方，密度宜小些。

（2）品种特性　品种株型与其密度间的相关性最强，紧凑型品种耐密性强，宜密；平展型品种耐密性差，宜稀。晚熟品种一般生育期长，植株高大、茎叶量大，单株生产力高，绿色叶面积较大，宜稀植；早熟品种植株矮小、茎叶量小，绿色叶面积较小，宜密植。

（3）土壤条件　玉米适宜的种植密度与土壤肥力密切相关，一般肥地宜密，瘦地宜稀。研究和实践表明，在提高肥力的基础上，适当增加密度能显著提高叶面积指数，增产效果明显。同一品种在不同质地土壤中的适宜密度表现为：沙土壤＞轻土壤＞中土壤＞黏土。

（4）灌溉条件　玉米是需水较多的作物，水分对密度和产量影响较大。对同一品种而言，在一定密度范围内，随着密度增加总耗水量有加大的趋势。所以，灌溉条件好的地区，可以密一些；反之，则应稀一些。

## （二）密度与种植方式

### 1. 密度

早熟品种，生育期较短，株型清秀，植株较矮，种植密度可适当增加，直播种植基本苗一般应达 3 000 ~ 3 300 株/亩（1 亩 ≈ 667 平方米。全书同）。晚熟品种植株繁茂，宜稀播。株型紧凑的品种，种植密度可加大些。

### 2. 种植方式

玉米的种植方式决定其适宜种植密度，许多高产地区把改革种植方式作为改善群体结构、提高光能利用率的重要途径。

目前，主要采用两种种植方式：一是行距一致的等行距种植方式；二是行距不等的大小行种植方式。地力条件一般时，等行种植方式优于大小行，前者密度可适当增加。肥水条件好的地区，大小行增产效果更好，密度可适当增加；同时要注意隔离。玉米为异花授粉作物，品种间容易相互串粉，因此，隔离种植是重要环节。空间隔离一般需要与其他玉米相隔200米以上，以免接受其他玉米花粉而影响品质。采用时间隔离，最好与其他玉米错开播期15天以上。

## 五、适期播种

东北春玉米区，无霜期短，春季干旱，欲有效利用当年有限积温与土壤水分，争取保苗与高产，适期早播是重要措施之一。抢墒播种优越性为：易保全苗；延长玉米雌穗分化时期，促进穗大粒多；促使根系发达；植株矮化，穗位降低，不易倒伏；果穗与籽粒形成发育期的光照条件好，有利于成熟，避免早霜为害，有利于种子脱水干燥。

东北大部分地区在4月中旬至5月中旬，随气温回升，进入播种季节。适期早播苗期温度较低，地上部分生长缓慢，有利于根系生长，节间短粗，植株较矮，生长健壮，利于生育后期抗倒伏，也利于后期抗旱。同时抢墒适期早播延长了生育期，可以充分利用生长季节的光、温等资源，为高淀粉玉米品种的高产、优质打下良好基础。在病虫害大发生时，苗已经长大，具有较强的抵抗力。但播期过早，地温较低，易导致种子萌发缓慢，出苗不齐，甚至烂种，影响全苗，造成减产。

确定适宜播期应坚持以下原则：一是土壤表层 5～10 厘米地温稳定在 10℃以上，也可根据日平均温度稳定在 10℃时，同时田间持水量在 60%～70%。土壤水分不足时种子会"落干"，影响全苗；土壤水分过多时，土壤黏重，不利于幼苗生长发育。二是调节玉米播种期，使玉米需水高峰与本地集中降雨期相吻合，避免"卡脖旱"及后期涝害。三是尽可能利用当地积温条件。

适期早播是增产关键措施之一，各地应根据地温和土壤墒情适时抢墒播种。干旱地区由于春季土壤墒情差，必须坐水种或催芽坐水种。当播种温度适宜时，可采取浅播的方法播种。平川地当土壤表层 5～10 厘米地温稳定在 8～10℃即可播种；丘陵及岗坡地可适当提前 3～5 天播种；地膜覆盖栽培，播种期一般可比露地玉米提早 5～7 天。

## 六、播种方法

玉米的播种方法主要分为条播、点播和穴播。

### （一）条播

用播种工具开沟，沟深 6～8 厘米，施优质有机肥和种肥作底肥，把种子点在沟内，种肥与种子隔离开，然后覆土（厚度 3～4 厘米）、镇压。此法用种量大，但效率较高，适合大面积机械化种植。

### （二）点播

此方法也叫埯播或穴播。按计划开穴，施种肥、播种、覆土、镇压。也可用机械或犁开沟，要求开沟深浅一致，深度 6～8 厘米，点种，施种肥。种肥以氮、磷复合肥为主。覆土 3～4 厘米，墒情好时可浅一些，反之则深一些。覆土后及时镇压提墒。人工播种时用石磙子顺垄镇压，机械播种时用 V 形镇压器镇压。人工点播后镇压提墒。此方法比较节省用种量，但较费工。现在仅有小面积或丘陵、山坡等不利于机械播种地块还在采用人工播种。无论是机械开沟还是人工开沟，播种时一定要把种子和种肥隔离开，防止烧苗。小犁开沟施有机肥时，一定要注意精量施肥。最好选用新式机械播种，可结合施种肥撒药和除草等一并完成，提高工作效率。

使用机播或犁播，工作效率高，进度快，播种质量好。播种深度一般为 4～6 厘米，此范围内，干旱地区可适当深播，利于抗旱保苗，促进根系生长，增强抗倒伏能力。播种一般采用等行距种植，行距一般为 60～65 厘米，株距随密度而异。这种种植方式苗期植株分布均匀，个体对地力和空间利用较为合理，也有利于机械化。

秋翻地直接采用机械播种或人工穴播，没有秋翻基础的地，可在 4 月 10 日前打垄后机械播种或人工埯种。春旱年宜采取深、浅、重播种方法，即深开沟，浅覆土，重镇压或人工刨埯坐水方法。

**（三）机械精量播种**

采用机械化操作，此法较节约种子，对种子本身要求较高。目前有 3 种精播技术，即全株距、半株距和半精密播种。精量播种就是使用机械将不同数量的作物种子按栽培农艺要求（行距、株距、深度）播入土壤中，并随即镇压的一种新型机械化播种技术。

（1）全株距精密播种 机械精量点播，按生产要求的株距单粒点播。此法出苗整齐，无须间苗。适于地势平坦、土壤条件好，又经过精细整地的地块。同时要求种子的纯度和发芽率高，净度好，病虫等防治措施有保障。

（2）半株距精密播种　按照生产要求的株距一半或大于一半进行播种，此法与全株距精密播种法要求相同，如有缺苗，可借用前后种苗补齐，优点是保苗率高，间苗用工少，苗势整齐一致。

（3）半精密播种　以单穴、双粒播种量占到播种量70%以上的保全苗的播种方法。每穴播种子1～3粒，以防止种子缺陷及播后地下害虫造成缺苗断条现象。此法同半株距法近似，特点是在每一穴中可保留一株苗以上，能保全苗，但间苗不及时，易造成小苗之间争水、争肥，间苗较费工。

近年来，玉米的播种方法有很大改进，目前，黑龙江省多数大型农场已采用精量点播机播种玉米。农村也不再使用等距刨埯等人工播种方法，大都使用播种机进行播种，机械化水平较高的地区已经使用气吸式单粒精量点播机播种，播种深度一致，种子分布均匀，易达到苗齐、苗匀与苗壮的效果。

## 七、节水灌溉

### （一）玉米的需水规律

玉米生育过程的不同时期或阶段对水分需求不同。其间的植株大小和田间覆盖状况不同，所以叶面蒸腾量和株间蒸发量的比例变化很大。生育前期植株矮小，地面覆盖不严，田间水分的消耗主要是植株间的蒸发；生育中后期植株较大，地面覆盖较好，土壤水分的消耗则以叶片蒸腾为主。整个生育期内，应尽量较少株间蒸发，减少水分无效消耗。水分的消耗因土壤、气候条件和栽培技术不同而差异较大。例如，东北地区玉米春播要比夏播玉米生育期长，所以，绝对耗水量也多。

（1）播种出苗　玉米从播种到出苗，需水量较少。种子发芽时，约需要吸收相当种子重量45%～50%的水分，才能膨胀发芽。如果土壤墒情不好，影响种子正常发芽，即使勉强发芽，也往往因顶土能力弱而造成出苗不全；如果土壤水分过多，通气性不良，种子容易霉烂而造成缺苗，特别是在低温情况下更为严重。据研究，耕层土壤水分必须保持在田间持水量的60%～70%时，才能保证玉米出苗良好，出苗率最高，持水量过高或过低，都影响出苗。

（2）幼苗期　玉米苗期需水量增多。此时生长中心是根系，为使根系发育良好，并向纵深伸展，应保持表土层疏松而下层土比较湿润的土壤水分状况，有利于根系发展和培育壮苗。因此，这一阶段应控制土壤水分在田间持水量的60%左右，为玉米蹲苗创造良好条件，对促进根系发育、茎秆增粗、减轻倒伏都有一定作用。

（3）拔节、孕穗期　玉米植株拔节以后，生长进入旺盛阶段，茎叶增长量很大，雌雄穗逐渐形成，干物质积累增加，玉米生理活动活跃。此时，气温较高，叶面蒸腾较强烈，所以，玉米对水分的需求较高，特别是抽雄前15天左右，雄穗已经形成，雌穗也在进行小穗、小花分化，对水分要求更高。如果水分供应不足，会引起小穗、小花数量减少，影响籽粒产量。此阶段土壤水分应保持在田间持水量的70%～80%。

（4）抽穗、开花期　玉米抽穗开花期对土壤水分十分敏感，若水分不足，气温高，会导致雄穗不能抽出或抽出时间延后，影响授粉结实，造成减产。这时，玉米植株的新陈代谢最旺盛，对水分的要求达到整个生育期最高峰，成为玉米需水临界期。此时缺水会延迟抽雄、散粉，降低结实率，甚至严重影响产量。因此，土壤耕层水分含量应保持在田间持水量的80%为宜。拔节到抽穗期需水量剧增，占全生育期总需水量的43.4%～51.2%。

（5）灌浆、成熟期　玉米从灌浆期开始直至成熟期，仍然需要相当多水分。此时是产量形成的主要阶段，水分供应需充足，才能保证将茎、叶等"源"中积累的营养物质顺利通过"流"运转到籽粒即"库"中去。此阶段需水量占全生育期19.2%~21.1%，土壤含水量应保持在田间持水量的70%左右。

## （二）玉米的节水灌溉

玉米生长发育所需水分主要靠自然条件下降水供给。但中国各玉米产区地理分布广，气候差异大，自然降水量及其季节分配相差悬殊，特别是东北春玉米区，单独靠自然降水往往不能满足玉米生长发育对水分的需求，必须进行灌溉，弥补降水不足。春玉米在冬春蓄水和耙糖保墒基础上，适时早播，土壤水分一般可以满足全苗、壮苗的要求。但如果土壤保水性能差或者耕作措施不当，也容易形成播种期失墒，影响播种和出苗。根据玉米需水规律和土壤墒情，应适时灌水。

（1）苗期　苗期一般不灌或少灌。幼苗期耗水量较少，且降水量与需水量基本保持平衡，可以满足幼苗期需水要求，因此，苗期要控制土壤墒情，进行蹲苗、抗旱锻炼，可以促进根系纵深发展，扩大肥水吸收范围，使幼苗生长健壮，可增强玉米生育中、后期植株抗旱、抗倒伏能力。所以，苗期除了遇到底墒不足而需要及时浇水外，一般情况下不需要灌溉。

（2）拔节、孕穗期　拔节、孕穗期要及时灌水。若气候干旱可轻灌防旱，同时改进灌水方法。拔节后要求有充足的水分供应，此阶段玉米生长旺盛，日耗水量很大，一昼夜每公顷要消耗45~60立方米水，自然降水量往往不能满足需水的要求，要进行人工灌溉。特别是抽雄期以前15天左右，是雄穗的小穗、小花分化时期，需水量较大，适时适量灌溉，可使茎叶生长茂盛，加速雌雄穗分化，如天气干旱会出现"卡脖旱"，使雄穗不能抽出或雌雄穗出现时间间隔延长，不能正常授粉，造成玉米籽粒产量严重减产，因此，拔节、孕穗期间灌溉和土壤保墒，是争取玉米穗大、粒多、提高产量、改善品质的关键环节。

（3）抽穗、开花　抽穗、开花期要饱灌、紧灌，使土壤含水量保持在田间持水量的 75%～80% 为宜。灌浆以后土壤含水量在 70%～75% 为宜。玉米抽雄以后，茎叶增加渐趋停止，进入开花、授粉结实阶段。玉米抽穗开花期植株体内新陈代谢过程旺盛，对水分的反应极为敏感，加上气温高、空气干燥，叶片蒸腾和地面蒸发加大，需水达到最高峰。此阶段灌水很重要，是玉米增产的关键。如果此时土壤墒情不好，再加上天气干旱，就会缩短花粉寿命，推迟雌穗抽丝时间，授粉受精条件恶化，不孕花数量增加，会导致严重减产。

（4）灌浆至乳熟末期　从灌浆到乳熟末期仍是玉米需水的重要时期。此时维持较高的田间持水量，可避免植株过早衰老枯黄，保证养分源源不断向籽粒输送，使籽粒充实饱满增加百粒重，达到高产、优质的目的。

提高节水灌溉技术是节约用水、充分发挥水利设施的重要措施。玉米灌溉方法主要可分为沟灌、畦灌、喷灌和滴灌。如果玉米生育期间雨水过大，田间积水，应及时排涝，以免根系窒息植株涝死。

## 八、科学施肥

玉米整个生育期都时刻进行着化学反应，用简单的无机原料合成各种复杂的有机化合物。通过光合作用吸收大气中的 $CO_2$，与根系吸收的水分形成碳水化合物，同时释放出 $O_2$，通过碳水化合物进一步合成淀粉、脂肪等营养物质。欲顺利完成这些过程，玉米必须从土壤和周围环境中吸收大量必需的营养元素，包括大量元素氮、磷、钾，中量元素 Ca、Mg、S 和微量元素 Fe、Mn、B、Cu、Mo、Cl 等。氮、磷、钾的需求量大，被称为营养三要素，它们在土壤中的含量远远不能满足玉米生长发育的需要，所以必须通过施肥进行补充。所有这些营养元素都是玉米生长发育必需的，土壤中缺乏或缺少任何一种，都难以达到增产目的。施肥是玉米获得高产稳产的最重要的措施之一。

**（一）需肥规律**

玉米不同生育期对养分的吸收量及强度不同。苗期吸收利用少，拔节到抽穗开花期生长速度加快，植株处于迅速发育时期，雌、雄穗逐渐分化，营养生长与生殖生长并进，植株对营养物质的吸收数量多，速度加快，达到需肥的高峰期，此时供给充足的营养物质，能够促进壮秆、大穗，获得高产；开花以后，生长速度减慢，吸收营养物质的速度逐渐缓慢，数量减少。

据测定，每生产 100 千克玉米籽粒需要 N 2.5 ~ 3.8 千克、$P_2O_5$ 0.86 ~ 1.7 千克、$K_2O$ 2.1 ~ 3.7 千克，不同玉米品种的生产能力不是随着施肥量增加的，但在种植密度加大的情况下，需要增施肥料，才能发挥出其增产潜力。

（1）对氮（N）元素的需求　玉米苗期吸收 N 元素的量较少，雌雄穗形成分化时期最多，开花结实期次之。前、中、后期各阶段需 N 量占整个生育期总需 N 量的比例平均为 13.83%、51.67%、34.50%。随着产量水平的提高，各生育阶段需 N 量相应增加，但增加的绝对量不同，拔节期到吐丝期增加比例减少，吐丝期至成熟期比例增加较多。因此，若想增加玉米产量，在适当增加前、中期 N 元素供应的基础上，重点增加后期的 N 素供应。

（2）对磷（P）元素的需求　苗期吸收 P 元素量较少，孕穗、抽穗期次之，开花、灌浆期最多，各阶段需 P 量占总吸收量的比例为 11.54%、30.49%、57.97%。随着产量水平的提高，前、中、后期各生育阶段需 P 量相应增加，吐丝期至成熟期增加量最多，拔节期至吐丝期次之。在增加前期 P 素供应的基础上，重点增加中、后期的 P 素供应，可有效提高玉米产量。

（3）对钾（K）元素需求 苗期吸收 K 量较少，穗形成期吸收 K 元素的量最多，开花、散粉期处于中间水平。前、中、后期各生育阶段吸收 K 元素的量占总吸收量的比例约为 13.71%、51.82%、34.47%。随着产量水平的提高，各生育阶段需 K 量开始增加，但以拔节期至吐丝期需 K 量增加最多，吐丝期至成熟期次之，因此，提高玉米产量的关键是要保证生长发育中、后期，特别是孕穗、抽穗期 K 元素的供应。

**（二）各营养元素的作用及缺素症状**

（1）氮（N）元素 N 元素是作物体内蛋白质与核酸的主要组成元素，占蛋白质的 16%～18%。蛋白质是构成原生质的基础物质，核酸是携带遗传基因的重要物质，作物缺乏 N 元素就不能维持生命。N 元素也是多种酶的组成元素，酶在作物体内控制各种生理和代谢过程。N 元素也是叶绿素的组成成分，作物通过叶绿素吸收太阳能、空气中的 $CO_2$ 和土壤中的水分合成有机物。玉米植株体内 N 元素含量约占干物质重量的 1.33%。玉米缺 N 的特征是叶片颜色变浅甚至发黄较明显。苗期缺 N 则幼苗生长缓慢，叶片黄绿色；拔节期后缺 N，植株纤弱，叶片从尖部开始逐渐变黄，严重时下部叶片干枯，不能正常生长发育，会导致穗小、秃尖，严重时形成空秆。

（2）磷（P）元素 P（$P_2O_5$）在玉米植株体内含量约为 0.45%。P 元素是核酸、核蛋白、脂肪、磷酸腺苷和酶的重要组成成分。参与植物体内多种代谢过程。玉米缺少 P 不但影响自身代谢，还会使 N 的吸收代谢受阻。苗期缺 P，根系易发生不良，幼苗生长缓慢，叶片颜色变紫，严重时变黄；抽穗期缺 P，雌穗吐丝延缓，授粉不良，果穗易畸形；开花后灌浆期缺少 P，养分转化和运输受阻，可导致瘪粒和秃尖。

（3）钾（K）元素 玉米体内 K（$K_2O$）含量与氮含量相近，占干物质的 1%~5%，玉米植株体内钾元素含量约为 1.53%。钾元素可促进碳水化合物合成与运输，钾肥充足，有利于增强叶片的光合作用，增加对氮的吸收，促进单糖向蔗糖和淀粉方向合成。钾元素还可以增强玉米抗逆性，能使玉米体内可溶性氨基酸和单糖减少，纤维素增加进而细胞壁加厚；钾在玉米根系内积累所产生的渗透压梯度增强能增强吸收水分的能力，在供水不足时能使叶片气孔关闭以防水分损失。钾元素的这些功能可增强玉米抗病、抗旱、抗倒伏能力。

（4）其他元素 Ca、S、Fe、Zn 等也是参与玉米体内新陈代谢活动的重要元素。玉米缺少 Ca 元素时，幼苗叶片出土困难，叶片迟迟不能展开，植物呈微黄色，发育迟缓。缺少 S 元素时，植株矮化，叶片发黄，成熟期延迟。缺少 Fe 元素时，上部叶片叶脉间出现浅绿色或叶片全部变浅。缺少 Zn 元素时，幼苗叶片出现浅白色条纹，叶缘和叶鞘呈褐色或红色。

**（三）施肥原则**

玉米施肥，既要考虑其生长发育特性及需肥规律，也要考虑气候、土壤类型与肥力等条件，做到因地制宜、合理高效。

施肥原则：

有机与无机配合施用；

氮、磷、钾肥与微肥平衡施用；

基肥、种肥及追肥配合施用。

土壤中氮、磷、钾速效养分的含量是施肥的指标。一般情况下，生育期较短的早熟品种，耐肥性较弱，生育期长的晚熟品种，耐肥性较强。紧凑型品种耐密性较强，需肥量较多，种植密度增加后，相应增加施肥量才能充分发挥其增产潜力。

（1）有益无公害 肥料是玉米生产过程中最重要的生产资料之一。玉米单产的迅速提高与肥料尤其是化学肥料的作用密不可分。随着玉米产量提高愈加依赖肥料的同时，施肥对土壤、后茬作物等不良影响也愈加突出。具体要求是：以有机为主，化肥为辅，化肥与有机配合施用，不施用硝态氮肥，以多元素为主，氮元素为辅；以基肥为主，追肥为辅。

（2）营养均衡　玉米生长发育过程中需要多种营养元素的参与，这些不同的营养元素之间存在着一个相对均衡的比例关系，符合"最小养分定律"学说，即决定玉米产量决定性的营养元素往往是土壤中有效含量相对最小的元素。因此，对需求量较少的肥料种类也不应忽视。

（3）因地制宜　不同土壤肥力及结构的地块，对种植玉米后施入肥料的要求不同。肥料施入后，除一部分被玉米根系吸收外，其余一部分被土壤固定住，还有一部分随地表、地下水流失或挥发至空气中而损失。有机质含量高即肥沃的土壤，保水、保肥能力较强，可以相对少施肥料。相反肥力较低的贫瘠土壤，需肥量较大，应施入较多肥料。

总之，玉米施肥不论考虑品种、土壤或肥料本身，其目的很明确：在现有的科学技术水平下，最大限度地充分利用肥料，创造各种条件，使施入的肥料发挥最大效率。

## （四）施肥量及施肥方式

种植高淀粉玉米施肥应根据品种特性、土壤肥力、产量指标等确定适宜肥量，特别是氮肥用量。在施用有机肥的基础上，合理施用氮、磷、钾肥及微肥。如施用缓释长效肥料做底肥，在播时一次性施入。用量为：氮肥总量的 1/5，磷肥总量的 3/4，钾肥总量的 2/3。

玉米施肥量由玉米计划产量对营养元素的需要数量、土壤能供给玉米各种速效养分的数量、施入肥料的有效养分和肥料在土壤中能被玉米吸收的利用率来决定。计算公式如下：

$$肥料的用量 = \frac{计划产量对某种养分需要量 - 土壤中对某种养分供应}{施用肥料中某种养肥量} \times$$

某种肥料利用率

在肥料施用上，采取底肥、种肥与追肥相结合的平衡施肥法。还可以使用优质玉米专用肥。在整地时施入肥料沟的沟底，其深度为 10~15 厘米。

## 1. 底肥

底肥是播种前（秋翻、打垄或播种时）施入耕层土壤的肥料，又称基肥。肥料组成应包括农家肥与氮、磷、钾、锌肥配合，其中，氮肥施用占 1/5~1/4，注意施用尿素不宜超过 90~105 千克/公顷，过多影响出苗。磷肥可以 2/3 做底肥，钾肥可以绝大部分或全部做底肥施入。开沟条施可以提高根系土壤的养分浓度，农谚有"施肥一大片，不如一条线"。当施用基肥数量较多时，可以耕前将肥料均匀地撒在地面上，耕翻入土。

## 2. 种肥

种肥就是在播种时施入种子附近的肥料，也称口肥。玉米对某种肥料要求比较严格，酸碱度要适中，对种子应无烧伤、无腐蚀作用，不影响种子发芽出苗。种肥应以幼苗容易吸收的速效性肥料为主。施肥时注意肥料不要与种子接触，数量不能过大，否则影响出苗。种肥供给种子发芽和幼苗生长所需要的养分。种肥以化肥为主，也可施用腐熟农家肥。在土壤缺 N，基础用量少的情况下，使用 N 素化肥作种肥；在缺 P 的土壤上，以 P 肥作种肥，应采取集中施用方法，便于吸收利用，还可提高 P 肥利用率和增产效果。种肥施用量，优质农家肥在 250 千克/亩左右。如果用 N 素化肥作种肥，施入纯 N 1.5 千克/亩左右，用 P 素化肥作种肥，施用 $P_2O_5$ 1.5~3.0 千克/亩。种肥施用时，一定要注意和种子保持一定距离，更不可以与种子混合一起播种，避免

"烧"种子而影响出苗。最好是沟施或穴施，与土拌一下再播种，这样既可以和种子隔开，又可以充分利用肥料中有效成分，做到经济用肥。

3. 追肥

追肥是玉米生育期间施入，一般用速效性 N 肥。用腐熟的人粪尿或家畜、家禽的粪便作追肥，也有明显的增产效果。追肥的时期与次数应与玉米需肥较多的时期一致，还要考虑土壤肥力、底肥、口肥的数量及品种特性。玉米一生中有 3 个施肥高效期，即拔节期、大喇叭口期和吐丝期。一般有 3 种追肥方式：一是在土壤肥力低或底肥不足情况下，在玉米 6 叶展开时追第一次 N 肥效果好。根据情况还可以在大喇叭口期进行第二次追肥，防止后期脱肥，有利于雌穗小花分化，增加有效小花数。二是当土壤肥力高、底肥和种肥充足时，可在抽雄前 7～10 天进行一次追肥，可以减小前期高肥条件下玉米生长过于繁茂，同时起到了后期补肥的作用。三是对于保肥性差的沙壤土等，要分期追肥，不宜一次施肥量过大。追肥时期与方法还可以根据玉米生长发育的主攻方向制定，其依据是玉米不同生长发育时期的生长和生理特点不同。追肥可分 2～3 次进行。

（1）攻秆肥和攻穗肥　当土壤肥力一般，玉米计划产量为 4 500～7 500 千克/公顷，计划追肥施尿素应为 450 千克/公顷左右；在施用种肥的基础上，追肥宜于拔节期和大喇叭口期两次追肥。两次追肥的分配也要根据地力基础，根据情况可采用前重、中轻追肥法，即拔节期追肥占总追肥量的 60%，大喇叭口期占 40%，否则采用前轻、中重分配比例。

（2）攻秆肥、攻穗肥和攻粒肥　当地力基础较高，计划玉米产量在 9 000 千克/公顷以上，追肥宜分 3 次进行。在施种肥的基础上，拔节期、大喇叭口期和抽雄开花期应分别占 30%、50%、20%，这叫做"前轻、中重、后补"。此外还要注意追肥位置，追肥肥料太近时容易切断玉米根系而伤根，使根系减弱或丧失吸收能力。拔节期应距玉米 10～15 厘米，拔节至开花期应距 15～20 厘米，深度不应低于 6 厘米，以 10 厘米为宜。追肥要禁止表面撒施，施后最好适当浇水。

玉米营养生理的阶段性是制定施肥时期与方法的重要依据。种肥和拔节期追肥，主要是促进根、茎、叶的生长和雄穗、雌穗的分化，有保穗、增花、增粒的重要作用；大喇叭口期追肥主要是促进雌穗分化和生长，有提高光合作用、延长叶片功能期和增花、增粒、提高粒重的作用；抽雄开花期追肥，有防止植株早衰、延长叶片功能期、提高光合作用、保粒和提高粒重的作用。玉米吐丝期施氮肥可提高粒重和粗蛋白含量，在玉米吐丝期增施氮肥主要是能提高籽粒第二灌浆高峰的峰值，并在灌浆中后期保持较高灌浆强度，籽粒氮素积累也表现在灌浆后期明显加快。

## 九、田间管理

### （一）苗期管理

玉米苗期是指从出苗到拔节，春玉米一般经历 40 天左右。苗期是玉米以生根、分化茎叶为主的营养生长阶段，主要生育特点是根系生长迅速，至拔节期结束已基本形成强大的根系，地上部分生长相对比较缓慢。苗期管理主攻目标是促进根系生长，达到苗全、苗齐、苗匀、苗壮。采用的管理措施包括查苗补苗，间苗定苗，中耕除草，防治病虫害。

如果因为各种原因玉米出现不同程度的缺苗现象，可在定苗以前，进行补苗。可下午或阴天带土移栽，栽后浇水，以提高成活率。玉米间苗是保证适宜种植密度的重要措施。间苗要早，一般在 2～3 片全展叶时进行。间苗时应去掉小苗、弱苗和病苗，留大苗和壮苗。当幼苗有 4 片全展叶时即可进行定苗。定苗时间也是宜早不宜迟，最迟不能晚于 6 片全展叶。

玉米苗期另一项重要的工作是中耕除草，是培育壮苗的主要措施，一般进行 1~2 次，第一次只进行深松，第二次带犁进行中耕。中耕可以疏松土壤，促进根系发育，保持土壤墒情，是促下控上、蹲苗促壮的主要措施，而且有利于土壤微生物的活动；同时，还可以消灭杂草，减少地力消耗，改善玉米营养条件。拔节前中耕宜深些，此时中耕虽然会切断部分细根，但可促进新根发育。

为防止苗期草荒，可以使用丁草胺等除草剂进行除草。根据杂草发生情况、气候条件等，选择安全、经济、高效的除草剂适时进行化学除草，并结合人工和机械除草措施。播种后至出苗前，用 50% 丁草胺乳油 2 250 ~ 3 750 毫升/公顷或 90% 禾耐斯 1 250 ~ 1 400 毫升/公顷，或者 40% 阿特拉津胶悬剂 4 500 ~ 6 000 毫升/公顷，加水 450 千克，进行土壤喷施，加 72% 的 2，4 - D 丁酯乳油 1 000 毫升/公顷，加水 450 千克土壤喷施。保护性耕作杂草较多的地块应比一般田块喷施量增加 30% ~40%。

东北春玉米区对产量影响大的病害有丝黑穗病（大发生年份有的品种减产 20% ~30%），以三叶期前，特别是幼芽期侵染率最高。对丝黑穗病除通过抗病育种途径外，可以使用药剂方法，即种衣剂。播种前可用种衣剂进行种子包衣，同时对防治茎腐病、丛生苗等也具有一定的效果。

玉米苗期害虫种类较多，主要有地老虎、黑毛虫、蚜虫、蓟马、棉铃虫、灯蛾等，应做好虫害防治工作。应采用"预防为主、综合防治"的方针。一是农业防治：主要选用抗病品种，与大豆等豆科作物合理间、套作，推广氮、磷、钾配方施肥，清洁田园，减轻病虫为害。二是物理防治：安装频振式诱虫灯诱杀田间害虫，以虫喂鸡。每盏灯可控制大田面积 3 ~4 公顷，对玉米螟和斜纹夜蛾有显著诱杀效果。三是药剂防治；加强田间病情、虫情调查。在低龄幼虫和发病初期用药防治。为保证玉米质量，在病虫防治中禁用高毒、高残留农药。

## （二）穗期管理

玉米穗期是指从拔节到抽穗阶段，春玉米 30 天左右。此阶段玉米特点是营养生长与生殖生长并进，叶片增大、茎叶伸长，营养器官生长旺盛，雄穗与雌穗相继分化，生殖器官开始形成。穗期是玉米生育期内生长发育最旺盛时期，也是高产栽培最关键时期。

穗期管理主攻目标是：株壮、穗大、粒多。

主要的管理措施包括：追肥浇水、中耕培土、去蘖和防治病虫害。

玉米穗期是吸收养分和水分最快、最多的时期，必须适时追施攻秆肥。拔节前施用尿素 150 ~ 180 千克/公顷，可以促进壮秆和穗分化。大喇叭口期是决定穗大粒多的关键时期，也是追肥高效期，应该重施攻穗肥，追肥量占总追肥量的 60% ~ 70%，施用尿素 250 ~ 350 千克/公顷，但要防止施用氮肥过多，以免引起贪青晚熟或者青枯早衰而减产。玉米此时期对水分的需要与需肥规律相似。拔节前后结合施肥适量浇水，使土壤水分含量保持在田间持水量的 65% ~ 70%。此时叶面蒸腾大，需求水量多，从大喇叭口期到抽雄期，雄穗花粉粒形成，雌穗进入小花分化期，此时对水分反映最敏感，需水量最多，是玉米需水的临界期，应肥水猛攻，土壤水分宜保持在田间持水量的 70% ~ 80%。

拔节孕穗期，及时做好玉米螟和黏虫的测报及防治工作。主要虫害是玉米螟，东北产区每年都有不同程度发生，大发生年减产可达 10% ~ 20%。对玉米螟防治采用白僵菌封垛、高压汞灯等生物与物理方法防治，还可以用赤眼蜂防治，释放赤眼蜂 22.5 万 ~ 30 万头/公顷，分 2 次释放。在喇叭口末期，用 Bt 乳剂 2.25 ~ 3.0 千克/公顷，制成颗粒剂置入玉米的心叶中或加水 450 千克喷雾。6 月中下旬，平均 100 株玉米有黏虫 150 头时，进行防治。用菊酯类农药灭虫，用量 300 ~ 450 毫升/公顷或用

80％敌敌畏乳油 1 000 倍液喷雾。

（三）花粒期管理

花粒期管理的主攻目标是：防止茎叶早衰、促进灌浆、增加粒重。主要管理措施包括：灌水、排涝、追施攻粒肥、去雄穗、人工辅助授粉、防虫治虫。

花粒期籽粒体积增大，是玉米需水的关键时期，此时水分充足，则促进籽粒形成；反之，则影响籽粒发育。因此，应在开花后 10 天左右及时浇水，使土壤水分保持在田间持水量的 70％ ～ 80％。但土壤水分过多时，会导致土壤中氧气不足，根系作用受到抑制，植株易倒，影响光合、灌浆，因此，后期也应该注意排涝。对于相对贫瘠少肥地块，应在花粒期酌情施用攻粒肥，以延长叶片功能期，防止早衰，促进灌浆成熟。施用量不宜过多，约占总追肥量 10％ 左右。叶色正常也可不施用，或用尿素进行叶片喷肥，增强光合能力，效果较好。

玉米隔行去雄是一项简单而易行的增产措施。去雄能改变养分的运转方向，将更多的养分供给雌穗；去雄可改善玉米群体通风透光状况，可有效地防治玉米螟。一般可增产 8％ ～10％，去雄可每隔一行去掉一行也可以每隔两行去掉两行或一行。去雄时应注意：边行不去，山地、小块地不去，阴雨天、大风天不去。去雄后，可进行人工辅助授粉，提高结实率。一般每隔 2～3 天 1 次，连续进行 2～3 次，在上午进行。

（四）病虫草害防治

选用抗病虫品种效果明显，简便经济；采用合理耕作栽培措施，合理密植，改善通风透光条件，收获后及时清除病株残体，实行轮作，可减轻病虫草害；在病、虫初发期，喷洒一定浓度的化学药剂，会有很强的防治效果。玉米除草剂种类很多，效果也较好，目前，大面积应用的有丁草胺、乙草胺、2，4 - D 丁酯、禾耐斯、阿特拉津等。

### 1. 病害防治

对纹枯病，在发病初期每亩用3%井冈霉素水剂100克加水60千克喷雾；对大、小斑病每亩用50%多菌灵可湿性粉剂加水500倍喷雾防治。病害发生较重的田块，每隔7天防治1次，连防2~3次，并交替使用不同农药。

### 2. 虫害防治

对地下害虫，播种时用50%辛硫磷乳油1千克/亩与盖种土拌匀盖种。防治玉米螟是在大喇叭口期，低龄幼虫用1.5%辛硫磷颗粒剂0.5千克拌细土5千克撒入喇叭口，或用2.5%高效氯氰菊酯乳油1 200~1 500倍液喷雾防治。

### 3. 杂草防除

玉米除草剂的种类很多，效果也比较好。使用除草剂应注意以下事项。

（1）喷药时间　必须在出苗前7天喷药，喷药晚了会使玉米幼苗产生药害。因玉米幼芽出土至3片叶时，是抗药能力较低的时期，所以，决不能因等雨而延后喷药时间。最好是在播后芽前喷药，安全性最高。

（2）喷药量　用2, 4-D丁酯药量要准确，不能随意加大，以免对玉米幼苗及下茬作物产生药害。一旦产生药害，轻者抑制生长，重者则导致叶片黄化、扭曲、葱状叶、畸形、不长根等症状。喷药要均匀，地平土细、无坷垃、墒情好、施药后镇压、遇雨会明显的提高药效。有些农民依赖药剂，经常随意加大药量，甚至增加1倍，导致每年都有不同程度药害发生。用药的多少应与土壤类型、土壤肥力、土壤水分、杂草种类和数量、地温、水温、整地质量、喷药质量等都有关系。此外，从生态角度考虑，不应把草一扫光全杀死，应在前期控制杂草生长，后期有一点草还有利于水土保持，减少对下茬作物产生药害。

（3）除草剂种类　最好是使用阿特拉津加乙草胺，既省钱又安全。不用 2，4 – D 丁酯或含有 2，4 – D 丁酯的除草剂，因为 2，4 – D 丁酯对喷药时间、药剂、药量的要求以及对玉米和杂草幼芽、幼苗大小的要求都非常严格，掌握不好很容易产生药害，出现扭曲苗、葱状叶等症状。玉米制种田禁止使用 2，4 – D 丁酯，有些玉米杂交种对 2，4 – D 丁酯也敏感。

## 十、适时收获

玉米收获期的决定，需根据用途而定。高淀粉玉米以收获籽粒为目的，让玉米充分成熟，有利于提高粒重和产量。玉米充分成熟的标志是：苞叶枯黄，籽粒坚硬，乳线消失，黑层出现，籽粒呈现出品种固有的颜色。

高淀粉玉米完熟期收获，籽粒含水量应该降到 28% 以下，也可在玉米蜡熟后期扒开果穗苞叶晾晒，增加籽粒脱水速度。有条件可进行籽粒脱水，以便作为工业加工原料方便长期保存和运输。

## 第三节　超高产栽培关键措施

由于高淀粉玉米特有的品质特点，其超高产栽培关键措施与普通玉米相比略有不同。

### 一、选地隔离

选择地势平坦，耕层深厚，肥力较高，保水保肥性能好，排灌方便的地块，由于高淀粉玉米属于胚乳性状的单隐性基因突变体，在纯合情况下才表现出高淀粉特性，若接受普通玉米花粉，易发生花粉直感现象，其淀粉含量会大大降低，影响该玉米的品质。因此，在生产上种植高淀粉玉米的地块必须与普通玉米隔离，一般相隔 200 米，防止植株间或田块间相互串粉，如果大面积连片种植高淀粉玉米，隔离条件差一点，影响也不大。

## 二、选茬与耕翻整地

### （一）选茬

选择前茬未使用长残性除草剂的大豆、小麦、马铃薯或玉米等肥沃的茬口。

### （二）耕翻整地

实施以深松为基础，松、翻、耙相结合的土壤耕作制，3 年深翻 1 次。

### （三）伏、秋翻整地

耕翻深度 20～23 厘米，做到无漏耕、无立垡、无坷垃。翻后耙耢，按种植要求的垄距及时起垄或夹肥起垄镇压。

### （四）耙茬、深松整地

适用于土壤墒情较好的大豆、马铃薯等软茬，先灭茬深松垄台，后耢平起垄镇压，严防跑墒。深松整地，先松原垄沟，再破原垄合成新垄，及时镇压。

## 三、选用良种，合理密植

根据生态条件，选用通过国家或省级审定的非转基因高产、优质、适应性及抗病虫性强、生育期需活动积温比当地常年活动积温少 100～150℃的耐密性优良品种。根据国际 GB 4404.1—2008，玉米种子的纯度不低于 98%，净度不低于 99%，含水量不高于 16%。同时要求发芽率不低于 90% 的标准。

## 四、合理施肥

播前应施足底肥，同时，根据产量要求增施适量氮肥、磷肥、钾肥。氮肥、磷肥、钾肥用量，一般按每年生产 100 千克籽粒需要 3 千克氮、1.5 千克磷、3 千克钾的比例用量可明显提高淀粉玉米的籽粒产量和淀粉含量。为了改善土壤结构，培肥地力，除了要施用化肥外，播种时应施优质厩肥 3 立方米/亩左右，以保证玉米后期对养分的需要。

化肥在不同生育阶段的施用比例大体为：种肥 10%、苗肥 30%、穗肥 40%、粒肥 20%。除种肥外，施用肥料时应开沟条施于玉米行间。

## 五、及时除去侧生蘖枝

对于分蘖性强的品种，为保证主茎果穗有充足的养分，促早熟，可将分蘖去除。但去除分蘖必须及时，一见分蘖长出，就要彻底去除，不留痕迹，而且要进行多次。因为分蘖只会消耗养分和水分，不能或很少结实，在生产上毫无意义。在生产中，水肥条件好的地块还会出现一叶一穗或一部位多穗的现象，也要及时掰除，只保留 1～2 穗，以防造成小穗或减产减收。

## 六、适当晚收

高淀粉玉米以收获籽粒为目的，所以，应让玉米充分成熟，这有利于提高粒重和产量。

玉米充分成熟的标志是：苞叶枯黄，籽粒坚硬，乳线消失，黑层出现，籽粒呈现出品种固有的颜色。

# 第五章　有害生物防治与防除

## 第一节　东北地区玉米主要病害与防治

### 一、玉米丝黑穗病

#### （一）症状

玉米丝黑病是苗期侵染的系统性侵染病害。一般在穗期表现典型症状，主要为害果穗和雄穗，一旦发病，往往全株没有收成。

多数病株比正常植株稍矮，果穗较短，基部粗顶端尖，近似球形，不吐花柱，除苞叶外，整个果穗变成一个大的黑粉包。初期苞叶一般不破裂，后期破裂散出黑粉；也有少数病株，受害果穗失去原有形状，果穗的颖片因受病菌刺激而过度生长成管状长刺，呈绿色或紫绿色，长刺的基部略粗，顶端稍细，常弯曲，中央空松，长短不一，自穗基部向上丛生，整个果穗畸形，呈刺头状。长刺状物基部有的产生少量黑粉，多数则无，没有明显的黑丝。

根据病株雄穗症状，大体可分为以下 3 种类型。

（1）个别小穗受害　多数情况是病穗仍保持原来的穗形，仅个别小穗受害变成黑粉包。花器变形，不能形成雄蕊，颖片因受病菌刺激变为畸形，呈多叶状。雄花基部膨大，内有黑粉。

（2）雄穗受害　整个雄穗受害变成一个大黑粉包，症状特征是以主梗为基础膨大成黑粉包，外面包被白膜，白膜破裂后散出黑粉。

（3）雄穗小花受害 雄穗的小花受病菌的刺激伸长，使整个雄穗呈刺头状，植株上部大弧度弯曲。

### （二）病原菌

玉米丝黑穗病是由丝轴团散黑粉菌引起的，属于担子菌亚门丝轴团散黑粉菌属。

### （三）发病规律

玉米丝黑穗病菌主要是以冬孢子散落在土壤上、混入粪肥或黏附在种子表面越冬。冬孢子在土壤中能存活 2~3 年，有一些报道认为能存活 7~8 年。结块的冬孢子较分散的冬孢子存活时间长。种子带菌可作为初侵染源之一，但不如土壤带菌重要，是病害远距离传播的重要途径。用病残体和病土沤粪而未经腐熟；或用病株喂猪，冬孢子通过牲畜消化道并不完全死亡。施用这些带菌的粪肥可以引起田间发病，这也是一个重要的来源。总之，土壤带菌是最重要的初侵染源，其次是粪肥，再次是种子。

玉米在 3 叶期以前为病菌主要侵入时期，4~5 叶期以后侵入较少，7 叶期以后不能再侵入玉米。

此病没有再侵染，发病数量决定于土壤中菌量和寄生抗病性。在种植感病品种和土壤菌量较多的情况下，播种后 4~5 叶期前这一段时间的土壤温、湿度便成为决定病菌入侵数量的主导因素。此外，整地播种质量对病害也有一定影响。

（1）品种的抗药性 目前，生产上没有免疫品种，但品种或自交系间抗性差异显著。普通玉米对丝黑穗病的抗性好于糯玉米、爆裂玉米，甜玉米抗病性最差。近些年生产上玉米丝黑病发生较重，与种植感病品种有很大关系。

（2）菌源数量 菌源数量越多，病害越重。但菌源数量的多少取决于耕作制度及推广品种的抗病性。高感品种春播连作时，土壤菌量就迅速增长，而连作年限越长，病害越重。据现有资料观察，以病株率来反应菌量，每年增长 5～10 倍。即使第一年，田间病株只有 1%，在上述条件下，连作 3 年后达 25%～100%。许多地方此病的严重流行都是这样造成的。

（3）环境条件　玉米播种至出苗期间的土壤温、湿度条件与发病关系最为密切。土壤的温、湿度对玉米种子发芽、生长和病菌冬孢子的萌发、侵染都有直接关系。近年来国内的试验已证明：病原菌与幼苗的生长适温是一致的，约在 25℃ 左右。适于侵染的土壤湿度以土壤含水量的 20% 为最适。所以春旱的年份常为病害的流行年；播种过早发病重，迟播病轻；冷凉山区此病较重；播种时整地质量好的病轻，播种浅的比播深的病轻。

**（四）防治**

玉米丝黑穗病的防治应采取以种植抗病品种为主、减少初侵染菌源、结合种子处理的综合防病措施。

1. 选育种植抗病品种

选育和种植抗病品种是防治此病最有效、最简便的根本措施。而且中国抗源丰富，已选育和推广了适宜种植的抗病品种。各地可因地制宜加以利用。

2. 种子处理

用含三唑醇 2.8% 的悬浮种衣剂或干拌种衣剂拌种。

3. 农业栽培防病措施

（1）轮作　与非寄主植物（大豆、小麦等）实行 2～3 年以上轮作；玉米感病品种与抗病品种轮作。

（2）拔除病株　应在黑粉未散之前；间苗时、追肥时、在植株抽雄以后，此时症状明显，而大量冬孢子又尚未形成。集中力量在 3～5 天内完成，一次拔掉，把病穗、病蕈摘下，带出田间深埋，效果好。

（3）其他农艺措施　施用腐熟的厩肥。注意播种期及深度。依据墒情，适当浅播。覆土均匀，适当晚播，播前晒种、出苗早，出苗好，以减轻发病。

## 二、玉米大斑病

### （一）症状

发病初期，在叶片上产生椭圆形，黄色或青灰色水浸状小斑点。在比较感病的品种上，斑点沿叶脉迅速扩大，形成大小不等的长梭状萎斑，一般长 5 ~ 10 厘米、宽 1 厘米左右，有的长达15 ~ 20 厘米、宽 2 ~ 3 厘米，呈灰绿色至黄褐色。发病严重时，病斑常会合连片，引起叶片早枯。当田间湿度大时，病斑表面密生一层灰黑色霉状物，即病菌的分生孢子梗和分生孢子，这是田间常见的典型症状，叶鞘和苞叶上的病斑开始亦呈水浸状，形状不一，后变为长形或不规则的暗褐色斑块，难与发生在叶鞘和苞叶上的其他病害相区别，后期也产生灰黑色霉状物。受害玉米果穗松软，籽粒干瘪，穗柄紧缩干枯，严重时使果穗倒挂。

### （二）病原菌

无性态为玉米大斑凸脐蠕孢菌，属无性孢子类，凸脐蠕孢属；有性态为大斑刚毛球腔菌，子囊菌门，球腔菌属。

### （三）发病规律

病菌主要以菌丝体或分生孢子在田间的病残体、含有未腐烂的病残体的粪肥、玉米秸秆、篱笆等的病残体及种子上越冬。越冬病菌的存活数量与越冬环境有关。

玉米大斑病的发生，主要与品种的抗性、气象条件及栽培管理有密切关系。

（1）品种抗性　不同玉米自交系和品种对大斑病的抗性存

在明显的差异，至今尚未发现免疫品种。玉米感病品种的大面积应用，是大斑病发生流行的主要因素。

（2）气候条件　在品种感病和有足够菌源的前提下，玉米大斑病的发病程度主要取决于温度和湿度。大斑病适于发病的温度为 20～25℃，超过 28℃ 就不利于其发生。在中国玉米产区 7—8 月的气温大多适于发病，因此降雨的早晚、降雨量及雨日便成为病害发生早晚及轻重的决定因素。特别是在 7—8 月，雨日、雨量、露日、露量多的年份和地区，大斑病发生重，6 月的雨量和气温对菌源的积累也起很大作用。

（3）栽培条件　许多栽培因素与大斑病发生有密切关系。玉米连作地病重，轮作地病轻；肥沃地病轻，瘠薄地病重；追肥病轻、不追肥病重；间作套种的玉米比单种的发病轻。合理的间作套种，能改变田间的小气候，有利于通风透光，降低行间湿度，有利于玉米生长，不利于病害发生；远离村边和秸秆垛病轻；晚播比早播病重，主要是因为玉米感病时期与适宜的发病条件相遇，易加重病害；育苗移栽玉米，由于植株矮，生长健壮，生育期提前，因此比同期直播玉米病轻；密植玉米田间湿度大，总体比稀植玉米病重。

**（四）防治措施**

防治玉米大斑病应采取以种植抗病品种为主、科学布局各个品种、减少菌源来源、增施粪肥、适期早播、合理密植等防治技术措施。

1. 选种抗、耐病品种

选种抗病品种是控制大斑病发生和流行的最经济有效的根本途径。中国对大斑病的防治历史已充分证实了这一点。对大斑病抗性较好的品种，各地可根据实际情况因地制宜加以选用。

2. 改进栽培技术，减少菌源

（1）适期早播　可以缩短后期处于有利发病条件的生育时期，对于玉米避病和增产有较明显的作用。

（2）育苗移栽　这是一项提早播期、促使玉米健壮生长、增强抗病力、避过高温多雨发病时期、减轻发病的有效措施。

（3）合理施肥　增施基肥，氮、磷、钾合理配合施用，及时进行追肥，尤其是避免拔节和抽穗期脱肥，保证植株健壮生长，具有明显的防病增产作用。大、小斑病菌为弱寄生菌，玉米生长衰弱，抗病力下降，易被侵染发病。玉米拔节至开花期，正值植株旺盛生长和雌雄穗形成，对营养特别是氮素营养需求量很大，占整个生育期需氮量的60%～70%。此时如果营养跟不上，造成后期脱肥，将使玉米抗病力明显下降。

（4）合理间作　与矮秆作物，如小麦、大豆、花生、马铃薯和甘薯等实行间作，可减轻发病。

（5）搞好田间卫生　玉米收获后彻底清除残株病叶，及时翻耕土地埋压病残，是减少初侵染源的有效措施。此外，根据大、小斑病在植株上先从底部叶片开始发病，逐渐向上部叶片扩展蔓延的发病特点，可采取大面积早期摘除底部病叶的措施，以压低田间初期菌量，改变田间小气候，推迟病害发生流行。

3. 药剂防治

玉米植株高大，田间作业困难，不易进行药剂防治。但以药剂防治来保护价值较高的自交系或制种田玉米、高产试验田及特用玉米还是可行的。使用的药剂有50%多菌灵，75%百菌清，25%粉锈宁，70%代森锰锌，10%世高，50%扑海因，40%福星，50%菌核净，70%可杀得等，从新叶末期到抽雄期，间隔7～10天共喷2～3次，100千克/亩药液。

### 三、玉米茎腐病

#### （一）症状

**1. 地上症状**

叶片一般不产生病斑，也不形成病症，是茎基腐所致的附带表现。大体分为两种类型：青枯型和黄枯型。

（1）青枯型　也可称急性型。病发后叶自下而上迅速枯死，呈灰绿色，水烫状或霜打状，发病快，历期短。田间 80% 以上属于这种类型。病原菌致病力强，品种比较感病，环境条件对发病有利时，则易表现青枯状。

（2）黄枯型　也称慢性型。病发后叶片自下而上，或自上而下逐渐变黄枯死，显症历期较长。一般见于抗病品种或环境条件不利时发病的情况。

茎部开始在茎基节间产生纵向扩展的不规则状褐斑，随后很快变软下陷，内部空松。一捏即瘪，手感十分明显。茎秆腐烂自茎基第一节开始向上扩展，可达第二、第三节甚至全株，病株极易倒折。

发病后期果穗苞叶青干，呈松散状，穗柄柔韧，果穗下垂，不易分离；穗轴柔软，籽粒干瘪，脱粒困难。

**2. 地下症状**

多数病株明显发生根腐，初生根和次生根腐烂变短，根囊皮松脱，髓部变为空腔，须根和根毛减少，整个根部极易拔出。

#### （二）病原菌

玉米茎腐病主要是由腐霉菌和镰刀菌侵染引起的。

#### （三）发病规律

病菌主要在病残体及土壤中越冬。镰刀菌的种子带菌率很高，因此田间残留的病茬、遗留于田间的病残体及种子是该病发生的主要侵染来源。

该病的发生与品种抗性、气候条件及栽培管理措施有着密切关系。

（1）品种 不同的玉米品种和自交系对茎腐病的抗性存在明显差异。早熟品种发病重于中晚熟品种。但同一品种对腐霉菌和镰刀菌的抗性一致，即抗腐霉菌的品种也抗镰刀菌，反之亦然。

（2）气象条件 年度间和地区间发病轻重除受品种抗性及栽培条件影响外，气象条件对发病有重要影响。玉米生长前期持续低温有利于病害发生，后期温度高对病害扩展有利。温度条件一般地区均能满足，因此，湿度条件尤其是8月的降雨量是影响茎腐病发生的重要环境条件。一般认为，玉米散粉至乳熟初期遇大雨，雨后暴晴发病重。夏玉米生长季如前期干旱、中期多雨、后期温度偏高的年份发病重。

（3）耕作及栽培措施 连作发病重，感病品种连作年限越长，病菌积累越多，发病越重；播种早，发病重，随着播期推迟发病降低，而且感病品种表现比抗病品种明显；追肥多和重施氮肥发病重，多施农家肥，氮、磷、钾配合施用发病轻。另外适当增施钾肥有减轻发病的作用；不论是抗病品种还是感病品种，茎腐病的发病率随种植密度的增加而提高；土壤有机质丰富，排灌良好的地块，玉米生长好，发病就轻；反之土壤瘠薄，易涝易旱地，玉米生长差，发病较重，特别是地势低洼积水，土壤湿度大，后期发病重。

### （四）防治

对于茎腐病的防治应采取选育和推广抗病品种为主，同时加强栽培管理和进行种子处理为辅的综合防治措施。

（1）选育和种植抗病品种 实践证明，种植抗病品种是防治此病经济有效的根本措施。而且中国抗源丰富，为抗病品种选育和利用提供了保证。各地可因地制宜选用，同时注意兼抗叶斑病和丝黑穗病。

（2）搞好田间卫生　收获后及时清除田间病残体，集中烧毁处理，病重地块不能根茬还田。

（3）种子处理　针对土壤和种子带菌情况，结合防治玉米丝黑穗病用种衣剂进行种子包衣。近几年实践证明，种子包衣起一定的作用，但药效不是很好，今后应积极筛选更好的药剂，同时注意持效期。另外 25% 粉锈宁可湿性粉剂按 0.2% 拌种，有一定的防效，同时兼防丝黑穗病和全蚀病。

（4）加强栽培管理　玉米与其他非寄主作物轮作 2~3 年可减少病原菌的积累，减轻发病；适当晚播减轻发病，但要注意品种的生育期；施足基肥，氮、磷、钾配合施用，不要偏施氮肥和追肥过晚，要增施钾肥；合理密植，及时排灌水。

## 四、玉米黑粉病

玉米黑粉病又称瘤黑粉病，是中国玉米分布普遍、为害严重的病害之一。一般北方比南方、山区比平原发生普遍而严重。该病对玉米的为害主要是在玉米生长的各个时期形成菌瘿，破坏玉米的正常生长所需的营养。减产程度因发病时期、病瘤大小、数量及发病部位而异，发生早、病瘤大，在植株中部及果穗发病时减产较大。一般病田病株率 5%~10%，发病严重时可达 70%~80%，有些感病的自交系甚至高达 100%。

### （一）症状

此病为局部侵染性病害，在玉米整个生育期，植株地上部的任何幼嫩组织如气生根、茎、叶、叶鞘、腋芽、雄花及雌穗等均可受害。一般苗期发病较少，抽雄前后迅速增加。症状特点是玉米被侵染的部位细胞增生，体积增大，由于淀粉在被侵染的组织中沉积，使感病部位呈现淡黄色，稍后变为淡红色的疱状肿斑，肿斑继续增大，发育而成明显的肿瘤。病瘤的大小和形状变化较大，小的直径仅有 0.6 厘米，大的长达 20 厘米或更长；形状有球形、棒形或角形，单生、串生或集生。病瘤初为白色，肉质白色，软而多汁，外面包有由寄主表皮细胞转化而来的薄膜，后变为灰白色，有时稍带紫红色。随着病瘤的增大和瘤内冬孢子的形成，质地由软变硬，颜色由浅变深，薄膜破裂，散出大量黑色粉末状的冬孢子，因此，得名瘤黑粉病。拔节前后，叶片或叶鞘上可出现病瘤。叶片上的病瘤小而多，大小如豆粒或米粒，常串生，内部很少形成黑粉。茎部病瘤多发生于各节的基部，病瘤较大，呈不规则球状或棒状，常导致植株空秆；气生根上的病瘤大小不等，一般如拳头大小；雄花大部分或个别小花感病形成长囊状或角状的病瘤；雌穗被侵染后多在果穗上半部或个别籽粒上形成病瘤，严重的全穗形成大的畸形病瘤。

病苗茎叶扭曲畸形，矮缩不长，茎基部产生小病瘤，苗 33 厘米左右时症状更明显，严重时早枯。

冬孢子萌发的温度为 5 ~ 38℃，适温为 26 ~ 30℃。

## （二）病原菌

玉米瘤黑粉菌，属于担子菌亚门，黑粉菌属。冬孢子球形或椭圆形，暗褐色，壁厚，表面有细刺状突起。

## （三）发病规律

病菌主要以冬孢子在土壤和病残体上越冬，混在粪肥里的冬孢子也是其侵染来源，黏附于种子表面的冬孢子虽然也是初侵染源之一，但不起主要作用。越冬的冬孢子，在适宜条件下萌发产生担孢子和次生担孢子，随风雨传播，以双核菌丝直接穿透寄主表皮或从伤口侵入叶片、茎秆、节部、腋芽和雌雄穗等幼嫩的分生组织。冬孢子也可直接萌发产生侵染丝侵入玉米组织，特别是在水分和湿度不够时，这种侵染方式可能很普遍。侵入的菌丝只能在侵染点附近扩展，在生长繁殖过程中分泌类似生长素的物质刺激寄主的局部组织增生、膨大、形成病瘤。最后病瘤内部产生大量黑粉状冬孢子。随风雨传播，进行再侵染。玉米抽穗前后为发病盛期。

玉米瘤黑粉病的发生程度与品种抗性、菌源数量、环境条件等因素密切相关。

（1）品种抗病性　目前，尚未发现免疫品种。品种间抗病性存在差异，自交系间的差异更为显著。一般杂交种较抗病，硬粒玉米抗病性比马齿型强，糯玉米和甜玉米较感病；早熟品种比晚熟品种病轻；耐旱品种比不耐旱品种抗病力强；果穗的苞叶长而紧密的较抗病。

（2）菌源数量　玉米收获后不及时清除病残体，施用未腐熟的粪肥，多年连作田会积累大量冬孢子，发病严重；较干旱少雨的地区，在缺乏有机质的沙性土壤中，残留在田间的冬孢子易于保存其生活力，次年的初侵染源量大，所以，发病常较重，相反在多雨的地区，在潮湿且富含有机质的土壤中，冬孢子易萌发或易受其他微生物作用而死亡，所以该病发生较轻。

（3）环境条件　高温、潮湿、多雨地区，土壤中的冬孢子易萌发后死亡，所以发病较轻；低温、干旱、少雨地区，土壤中的冬孢子存活率高，发病严重。玉米抽雄前后对水分特别敏感，是最易感病的时期。如此时遇干旱，抗病力下降，极易感染瘤黑粉病。前期干旱，后期多雨，或旱湿交替出现，都会延长玉米的感病期，有利于病害发生。此外，暴风雨、冰雹、人为作用及螟害造成的损伤，也有利于病害发生。

（四）防治措施

防治策略应采取以种植抗病品种为主、多种措施并用的综合防治措施。

（1）选用抗病品种　积极培育和因地制宜地利用抗病品种。

（2）减少菌源　在病瘤未破裂之前，将各部位的病瘤摘除，并带出田外集中处理；收获后彻底清除田间病残体，秸秆用作肥料时要充分腐熟；重病田实行 2～3 年轮作。

（3）加强栽培管理　合理密植，避免偏施、过施氮肥，适时增施磷、钾肥；灌溉要及时，特别是抽雄前后要保证水分供应充足；及时防治玉米螟，尽量减少耕作时的机械损伤。

（4）种子处理　同玉米丝黑穗病。也可用 25% 粉锈宁 WP、17% 羟锈宁及 12.5% 特普唑进行种子处理。

（5）药剂防治　玉米未出苗前可用 25% 粉锈宁进行土表喷雾，减少初侵染源；幼苗期再喷洒 1% 的波尔多液有较好防效；在抽雄前喷 25% 粉锈宁、12.5% 特普唑；花期喷福美双可降低发病率。

## 五、玉米粗缩病

### （一）症状

玉米整个生育期都可感染发病，以苗期受害最重。玉米幼苗在 5～6 叶期即可表现症状，初在心叶中脉两侧的叶片上出现透明的断断续续的褪绿小斑点，以后逐渐扩展至全叶呈细线条状；叶背面主脉及侧脉上出现长短不等的白色蜡状突起，又称脉突；病株叶片浓绿，基部短粗，节间缩短，有的叶片僵直，宽而肥厚，重病株严重矮化，高度仅有正常植株的 1/2，多不能抽穗。发病晚或病轻的仅在雌穗以上叶片浓绿，顶部节间缩短，基本不能抽雄穗，即使抽出也无花粉，抽出的雌穗基本不能结实。病株根系少而短，不足健株的 1/2。病株轻重因感染时期的不同而异，一般感染越早发病越重。

### （二）病原菌

由水稻黑条矮缩病毒引起，属植物呼肠孤病毒。寄主范围广泛，除玉米外，已知其还可侵染 57 种禾本科植物。主要由灰飞虱传播，属持久性传毒。

### （三）发病规律

水稻黑条矮缩病毒主要在小麦和杂草上越冬，也可在传毒昆虫体内越冬。当玉米出苗后，小麦和杂草上的灰飞虱即带毒迁飞至玉米上取食传毒，引起玉米发病。在玉米生长后期，病毒再由灰飞虱携带向高粱、谷子等晚秋禾本科作物及马唐等禾本科杂草传播，秋后再传向小麦或直接在杂草上越冬，完成病害循环。

播种越早，发病越重，一般春玉米发病重于夏玉米。原因是玉米出苗时，冬小麦近于成熟时，第一代灰飞虱带毒向玉米传播，一般 6 月上旬后播种的，玉米苗期躲过了灰飞虱发生盛期，发病轻；夏玉米套种小麦发病重于单种玉米，原因是套种时玉米与小麦有一段共栖期，玉米出苗后有利于灰飞虱由小麦向玉米上转移。

高温干旱，有利于灰飞虱活动传毒，所以，发病重。另外，玉米田靠近树林、蔬菜或耕作粗放、杂草丛生，一般发病都重，主要是这些环境有利于灰飞虱栖息活动，而且许多杂草本身就是玉米粗缩病毒的寄主。

种植感病品种，发病重。

### （四）防治措施

防治策略应选用抗耐病品种和加强栽培管理，配合治虫防病等综合防治措施。

（1）选用抗耐病品种　是防治该病害的最有效途径。目前，没有发现对病毒病免疫的品种，抗病品种也不多。

（2）加强和改进栽培管理　针对各地发生的病菌病种类调整播期，适期播种，尽量避开灰飞虱的传毒迁飞高峰。东北部分地区的播期可提前至 4 月末或 5 月初，使苗期提前。减少蚜虫传毒的有效时间；对田间发病重的玉米苗，应尽快拔除改种，发病轻的地块应结合间苗拔除病苗，并加大肥水，使苗生长健壮，增强抗病性，减轻发病；在播种前深耕灭茬，彻底清除田间及地头、地边杂草，减少侵染来源。同时避免抗病品种的大面积单一种植，避免与蔬菜、棉花等间套种植。

（3）治虫防病　用含吡虫啉等的种衣剂进行包衣防治苗期害虫；在害虫向玉米田迁飞盛期喷洒杀虫剂，如吡虫啉等。

另外在苗后早期喷洒植病灵、83 - 增抗剂、菌毒清等药剂，每隔 6 ~ 7 天喷洒 1 次，连喷 2 ~ 3 次。这些药剂对促进幼苗生长、减轻发病有一定的作用。

## 六、玉米小斑病

小斑病又称玉米斑点病。玉米南方叶枯病，是国内外温暖潮湿玉米产区的重要叶部病害，世界各国均有不同程度的发生。小斑病在 20 世纪 70 年代以前很少造成灾害。1970 年，美国小斑病大流行，损失玉米 165 亿千克，损失产值约 10 亿美元，在植物病理学术界引起极大震动。

小斑病在中国虽早有发生，但为害一直不重。20 世纪 60 年代后，由于感病自交系的引进及大面积种植感病杂交种，使小斑病成为玉米生产上的重要叶部病害。目前，小斑病主要分布于河北、河南、北京、天津、山东、广东、广西壮族自治区、陕西、湖北等省区市，据估计，一般中等发病年份感病品种的产量损失约 10% ~ 20%，严重时可达 30% ~ 80%，甚至毁种绝收。

### （一）症状

从苗期到成株期均可发生，但苗期发病较轻，玉米抽雄后发病逐渐加重。病菌主要为害叶片，严重时也可为害叶鞘、苞叶、果穗甚至籽粒。

叶片发病常从下部叶片开始，逐渐向上蔓延。病斑初为水渍状小点，随后病斑渐变黄褐色或红褐色，边缘颜色较深。

根据不同品种对小斑病菌不同小种的反应常将病斑分成3种类型。

（1）病斑椭圆形或长椭圆形 黄褐色，有较明显的紫褐色或深褐色边缘，病斑扩展受叶脉限制。

（2）病斑椭圆形或纺锤形 灰色或黄色，无明显的深色边缘，病斑扩展不受叶脉限制。

（3）病斑为坏死小斑点 黄褐色，周围具黄褐色晕圈，病斑一般不扩展。前两种为感病型病斑，后一种为抗病型病斑。感病类型病斑常相互联合致使整个叶片萎蔫，严重株会提早枯死。天气潮湿或多雨季节，病斑上出现大量灰黑色霉层。以上是O小种侵染叶片的症状特点，T小种侵染T型、P型细胞质叶片产生的病斑比较大，一般为（10~20）毫米×（5~10）毫米，病斑周围的中毒晕圈明显，产孢速度快，霉层厚，颜色深。C小种在C型细胞质玉米上所产生的病斑中部灰白色，边缘褐色并有较宽的黄色晕圈，可引起大面积黄化，产孢速度快、数量大。

（二）病原菌

无性态为玉蜀黍平脐蠕孢菌属无性孢子类，平脐蠕孢属；有性态为异旋孢腔菌属于囊菌亚门。

（三）发病规律

玉米小斑病的发生，主要与品种的抗性、气象条件及栽培管理有密切关系。

（1）品种抗性 不同玉米自交系和品种对小斑病的抗性存在着明显的差异，尚未发现免疫品种。玉米感病品种的大面积应用，是小斑病发生流行的主要因素。美国、前苏联和中国玉米大、小斑病的发生发展及大面积的流行记录都说明这一点。如美国1970年小斑病大流行的原因就是在20世纪60年代中后期

80%地区推广感病的 T–cms 玉米，遗传单一的结果使 T 小种上升为优势小种导致抗病性的丧失。

（2）气候条件　在品种感病和有足够菌源的前提下，玉米小斑病的发病程度主要取决于温度和湿度。小斑病适于发病的日平均温度为25℃以上，要求相对湿度在90%以上。在中国玉米产区 7—8 月的气温大多适于发病，因此，降雨的早晚、降雨量及雨日便成为两种病害发生早晚及轻重的决定因素。特别是在7—8 月，雨日、雨量、露日、露量多的年份和地区，大、小斑病发生重，6 月的雨量和气温对菌源的积累也起很大作用。

（3）栽培条件　许多栽培因素与小斑病发生有密切关系。玉米连作地病重，轮作地病轻；肥沃地病轻，瘠薄地病重；追肥病轻，不追肥病重；间作套种的玉米比单作的发病轻；合理的间作套种，能改变田间的小气候，利于通风透光，降低行间湿度，有利于玉米生长，不利于病害发生；远离村边和秸秆病轻；晚播比早播病重，主要是因为玉米感病时期与适宜的发病条件相遇，易加重病害；育苗移栽玉米，由于植株矮，生长健壮，生育期提前，因此，比同期直播玉米发病轻；密植玉米田间湿度大，总体比稀植玉米病重。

（四）防治

见大斑病防治。

**七、玉米病害的综合治理**

**（一）选用抗耐病的品种**

根据各地的气候条件，选择抗当地主要病害的优良玉米品种，注意兼顾对其他病害的抗性及当地的优势小种，并采用优良的栽培措施。

**（二）　种子处理**

主要针对黑穗病、茎腐病及苗期病害等土传病害。可以选择含有杀虫剂（吡虫林等）及杀菌剂（戊唑醇、三唑醇、三唑酮）的种衣剂包衣或者单剂拌种。

**（三）搞好田间卫生，减少初侵染来源**

玉米收获后，及时清除田间及地头的病残体和杂草并带出田外烧毁。冬前深翻，茎腐病重的地块严禁秸秆及根茬还田。

**（四）加强栽培管理，改进栽培措施**

（1）轮作　与非寄主植物轮作 2~3 年，或抗感品种轮作，减少土壤中菌量的积累。

（2）适期播种　根据要防治的病害的种类、土壤的墒情。品种的生育期适时播种，同时提高播种质量，覆土深浅适宜。

（3）合理施肥　施足基肥，增施有机肥。氮、磷、钾配合施用，适当增施钾肥，不偏施迟施氮肥，及时追肥，防止后期脱肥。

（4）合理密植　实行间作、套作，增加田间的通风透光，降低田间湿度。

（5）铲趟及时　注意铲除后期的田间杂草；雨后及时排除积水。

**（五）药剂防治**

（1）叶斑病类　发病初期，喷施 50% 多菌灵。70% 的甲基托布津，40% 福星，70% 代森锰锌，50% 退菌特，80% 炭疽福美，45% 大生，75% 百菌清，10% 世高等，共喷 2~3 次。

（2）锈病　粉锈宁、特普唑、戊唑醇等喷雾。

（3）纹枯病　井冈霉素茎秆喷雾。

（4）病毒病　喷吡虫啉防虫治病；喷植病灵、菌毒清、83 - 增抗剂等促进植物生长，减轻病害。

# 第二节　东北地区玉米主要虫害与防治

## 一、玉米地下害虫

### （一）地下害虫的种类、为害特点及发生规律

1. 蛴螬类

蛴螬是金龟子幼虫的通称，是玉米地下害虫中分布最广、种类最多、为害也较为严重的一大类群，常见的即有 30 余种。

蛴螬类食性杂。除为害玉米外，还为害高粱、小麦、薯类、豆类等大田作物和蔬菜、果树、林木的种子、幼苗及根茎，食害播下的玉米种子或咬断玉米幼苗的根、茎，咬断处茬口整齐。

（1）大黑鳃金龟　其成虫为中大型的甲虫，体长 16～22 厘米，黑色或黑褐色，有光泽。每鞘翅上有 4 条明显的纵棱。幼虫体白色或黄白色，有细毛，弯曲成 C 形，长 25～45 毫米。

大黑鳃金龟在吉林省两年 1 代，以成虫和幼虫隔年交替越冬。越冬成虫于春季当 10 厘米深度的土温达 14～15℃时开始出土。5 月中、下旬田间开始见到卵，6 月上旬至 7 月上旬为产卵高峰期，末期在 9 月下旬。卵于 6 月上、中旬开始孵化。幼虫除极少一部分当年化蛹完成 1 代外，大部分于秋季向深土层移动，进入越冬状态。翌年春季再开始活动，6 月初开始化蛹，7 月羽化为成虫，羽化为成虫即在土中潜伏越冬。因此，大黑鳃金龟越冬虫态既有成虫又有幼虫。以幼虫越冬为主的年份，来年春季玉米受害重，出现隔年严重为害的现象。

成虫于傍晚出土活动，趋光性弱，一般灯下诱到的虫量仅占田间实际出土虫量的 0.2% 左右。具假死性。飞翔力弱，活动范围一般以虫源地为主。

幼虫有 3 个龄期，全部在土壤中度过，随一年四季土壤温度变化而上下潜移。以 3 龄幼虫历期最长，为害最重。

（2）其他种类

①棕色鳃金龟。为干旱瘠薄、灌溉条件差的耕作区的主要地下害虫。两年发生 1 代，成、幼虫均可越冬。成虫黄昏时开始出土，觅偶交配；雄成虫不取食，雌成虫少量取食；天黑以后潜入土中。

②云斑鳃金龟。3～4 年发生 1 代，以幼虫越冬。成虫交配产卵前昼伏夜出，趋光性强，雄虫更甚；田间灯下虫量占全夜活动虫量的 61.6%～75.2%，交配产卵后白天取食，夜间迁飞。喜食玉米叶片。

2. 金针虫类

金针虫成虫俗称叩头虫，金针虫是幼虫的统称。金针虫的成虫在地面以上活动时间不长，只能吃一些禾类和豆类作物的嫩叶不造成严重为害；而幼虫长期生活于土壤中，为害玉米、高粱、谷子、麦类、薯类、甜菜、豆类及各种蔬菜和林木幼苗，因此是玉米苗期的重要害虫。

金针虫咬食播下的玉米种子，食害胚芽使之不能发芽；咬食玉米幼苗须根、主根或茎的地下部分，使生长不良甚至死亡。一般受害苗主根很少被咬断，被害部不整齐而呈丝状，这是金针虫为害后造成的典型受害状。在东北，广泛分布的有两种：一种为沟线角叩甲，另一种为细胸锥尾叩甲。

（1）沟线角叩甲 以前称为沟金针虫。末龄幼虫体长 20～30 毫米，尾节 2 侧边缘隆起，有 3 对锯齿状突起，尾端分叉，并向上弯曲，各叉内侧均有 1 小齿。

沟线角叩甲 3 年发生 1 代，以成虫和幼虫在土中越冬。一般越冬深度为 15～40 厘米，最深可达 100 厘米左右。越冬成虫在土温 10℃ 左右时开始出土活动，产卵期从春季至 6 月上旬。新孵化的幼虫为害至 6 月底，下土越夏休止。待 9 月中旬又上升到表土层活动，至 10 月上、中旬开始在土壤深层越冬。翌年 4 月初，越冬幼虫开始上升活动，4 月下旬至 5 月上旬为害最重，随后越夏休止，秋季再次为害。第 3 年春，幼虫再次为害，至 8—9 月幼虫老熟，钻入 15～20 厘米土中化蛹。9 月初开始羽化为成虫。成虫当年不出土，仍在土中栖息，第 4 年春才出土交配、产卵。

成虫昼伏夜出，白天潜伏在田间或田旁杂草中和土块下，晚上出来交配产卵。雄虫不取食；雌虫偶尔取食。雄虫善飞，有趋光性；雌虫不能飞翔，行动迟缓，只能在地面上爬行。卵散产于土下 3～7 厘米处，每雌虫平均产卵 200 粒。

过去该虫是重要的农林害虫，在贫瘠的沙土中数量较多。但是，近些年来吉林省的种群数量极低，处于下降趋势。

（2）细胸锥尾叩甲　过去叫细胸叩头虫。该虫末龄幼虫体长 23 毫米，淡黄色，有光泽。尾节圆锥形，背面近前缘 2 侧各有褐色圆斑 1 个，并有 4 条褐色纵线。

细胸锥尾叩甲 3 年发生 1 代。6 月中、下旬成虫羽化，活动能力强，对刚腐烂的禾本科草类有趋性。6 月下旬至 7 月上旬为产卵盛期，卵产于表土内。在吉林省西部地区，卵发育历期10～20 天。幼虫喜潮湿及微偏酸性的土壤。在 5 月 10 厘米深土温 7～13℃时，为害严重，7 月上中旬土温升至 17℃时即逐渐停止为害。

3. **蝼蛄类**

蝼蛄俗称拉拉蛄、地拉蛄。

蝼蛄是最活跃的地下害虫，食性杂，成虫、幼虫均为害严重。咬食各种作物的种子和幼苗，特别喜食刚发芽的种子，咬食幼根和嫩茎，扒成乱麻状或丝状，使幼苗生长不良甚至死亡，造成严重缺苗断垄。特别是蝼蛄在土壤表层窜行为害，造成了种子架空，幼苗吊根，导致种子不能发芽，幼苗失水而死。田间幼苗最怕蝼蛄窜，一窜就是一大片，损失非常严重。

（1）种类　在东北主要有两种，分别为单刺蝼蛄和东方蝼蛄。

东方蝼蛄成虫体长 30～35 毫米，灰褐色。前足腿节下缘平直，后足胫节背侧内缘有棘 3～4 个。单刺蝼蛄成虫体长 39～66 毫米，黄褐色。前足腿节下缘呈 S 形弯曲，后足胫节背侧内缘有棘 1 个或没有。

单刺蝼蛄需 3 年完成 1 代。东方蝼蛄 2 年左右完成 1 代，在吉林省越冬成虫活动盛期在 6 月上、中旬，越冬幼虫的羽化盛期在 8 月中、下旬。

蝼蛄均是昼伏夜出，通常 21～23 时为活动取食高峰。

（2）主要习性

①群集性。初孵幼虫有群集性，怕光、怕风、怕水。东方蝼蛄孵化后 3～6 天群集一起，以后分散为害；单刺蝼蛄幼虫 3 龄后才分散为害。

②趋光性。蝼蛄昼伏夜出，具有强烈的趋光性。利用黑光灯，特别是在无月光的夜晚，可诱集到大量东方蝼蛄，且雌性多于雄性，故可用黑光灯诱杀之。

③趋化性。蝼蛄对香、甜气味有趋性，特别嗜好煮至半熟的谷子及炒香的豆饼、麦麸等。因此可制毒饵诱杀之。此外，蝼蛄对未腐烂的马粪、有机肥等有趋性。

④趋湿性。蝼蛄喜欢栖息在河岸、渠旁、菜园地及轻度盐碱潮湿地，有"蝼蛄跑湿不跑干"之说。东方蝼蛄比单刺蝼蛄更喜湿。

4. 地老虎类

地老虎，别名地蚕、夜盗虫、切根虫。成虫为中等大小的蛾子。东北地区的地老虎有几种，主要发生为害的是小地老虎、黄地老虎和八字地老虎。其中，小地老虎为害多种植物幼苗，咬食嫩叶，吃成孔洞或缺刻。3龄以后幼虫咬断幼苗茎部，使植株枯死，造成缺苗断垄，严重的甚至毁种重播。

（1）小地老虎

①形态。小地老虎成蛾体长16～23毫米，体、翅暗褐色，在前翅外中部有1明显的尖端向外的三角黑斑，在近外缘内侧有2个尖端向内的黑斑，3个黑斑尖端相对。末龄幼虫体长37～50毫米，体色较深，呈黄褐至暗褐色不等，体背面有暗褐色纵带，表皮粗糙，布满大小不等的小颗粒。

②习性。小地老虎属杂食性害虫，几乎所有大田植物的幼苗均可为害。在吉林省1年发生1～2代，不能越冬。春季虫源主要是由南方向北方迁飞而来，待秋季后再由北向南迁回到越冬区过冬。以当地发生最早的1代造成的为害大。为害盛期为6月中、下旬。

成虫昼伏夜出，白天栖息在田间草丛中，夜间羽化、飞行、取食、产卵。成虫对黑光灯及糖醋酒等物质趋性较强。成虫羽化后需经取食，3～5天后交配、产卵。卵散产或成堆产在低矮杂草或幼苗的叶背或嫩茎上。成虫产卵选择叶片表面粗超多毛的植物。每雌虫可产卵800～1 000粒。

小地老虎喜温暖潮湿的环境，月平均气温在13～25℃，均有利其生长发育，温度超过30℃成虫不能产卵。土壤含水量为15%～20%，地势低洼、湿润多雨的地区发生量大。一般沙土壤、壤土、黏土壤等土质疏松、保水性强的地区适于小地老虎发生，而高岗、干旱及黏土、沙土均不利发生。

（2）黄地老虎

①形态。黄地老虎成蛾体长14～19毫米，前翅黄褐色，散布小黑点；后翅白色，半透明，前缘略带黄褐色。末龄幼虫体长33～43毫米，体黄褐色，表皮多皱纹，颗粒较小不明显。腹末

端上有中央断开的 2 块黄褐色斑。

②习性。黄地老虎 1 年发生 2 代，主要以老熟幼虫在土中越冬，主要集中在田埂和沟渠堤坡的向阳面 5~8 毫米土中越冬。

成虫习性与小地老虎相似，昼伏夜出，趋光性和趋糖醋酒物质性较强。但越冬代发生期较小地老虎晚 15~20 天左右。由于此时蜜源植物较多，故用糖醋酒诱集的蛾量不多。

卵多散产在地表的枯枝、落叶、根茬及植物近地表 1~3 厘米处的叶片上。卵期一般为 5~9 天；在 17~18℃时为 10 天左右；28℃时，只需 4 天。幼虫多为 6 龄，个别 7 龄，幼虫期 25~36 天，在 25℃时为 30~32 天。

以春季发生为害最重。气候干旱有利于大发生。

（3）八字地老虎

①形态。八字地老虎成蛾体长 11~13 毫米，前翅灰褐色带紫色，中部前缘有 1 近矩形大斑，大斑上部呈三角形缺口。末龄幼虫体长 33~37 毫米，体黄至褐色，背面可见不连续的倒八字形斑纹。

②习性。幼虫共 6 龄，白天潜伏在浅土中，夜间出来取食；4 龄以上幼虫多从植株茎基部咬断，将苗拖入土中或土块缝中继续取食；5~6 龄进入暴食期，占总取食量的 90% 以上。3 龄后幼虫还有假死性、相互残杀性，幼虫期约为 1 个月。老熟幼虫潜入地下筑土。

八字地老虎 1 年发生 2 代，主要以老熟幼虫在土中越冬，幼虫春秋两季为害，习性近似于黄地老虎。

5. 油葫芦

油葫芦也叫蛐蛐、蟋蟀。成虫、若虫均可为害玉米，主要取食根部和地上幼嫩组织，虫口密度高时能造成严重为害。

雄成虫体长 22~24 毫米，雌成虫体长 23~25 毫米，黑褐色，具油光。幼虫褐色，无翅。

1年完成1代，以卵在土中越冬，来年5月孵化为幼虫，经6次脱皮，于7月末陆续羽化为成虫。8—9月进入交配产卵期。交尾后2~6日产卵，卵散产在杂草丛、田埂上，深约2厘米，雌虫共产卵34~114粒。成虫和幼虫昼间隐蔽，夜间活动，觅食、交尾。成虫有趋光性。

**（二）地下害虫的防治**

地下害虫的防治指标因种类、地区不同而有差异。地下害虫防治的参考指标如下。

蝼蛄：80头/亩；蛴螬：2 000头/亩；金针虫：3 000头/亩。

在自然条件下，蝼蛄、蛴螬、金针虫等地下害虫混合发生，防治指标以1 500~2 000头/亩为宜。

1. 农业防治

搞好农田基建，消灭虫源滋生地；合理轮作倒茬；深耕翻犁；合理施肥。

2. 化学防治

（1）施用颗粒剂　5%的辛硫磷颗粒剂或吡虫啉颗粒剂。

（2）施毒土　用48%乐斯本乳油150毫升/亩，拌干细土15~20千克/亩。

（3）毒谷与种子混播　用干谷或糜子5千克，90%敌百虫30倍液150克，先将谷子煮至半熟捞出晾至七成干，然后拌药即可施用。用量1千克/亩，也可用种子重量1%的50%辛硫磷微胶囊缓释剂拌种。

（4）药液灌根　若发生较重，可用40%乐果乳剂或50%辛硫磷乳剂1 000~1 500倍液灌根。或用40%乐斯本乳油，150~200毫升/亩，加水200千克/亩，浇灌根部。

（5）种子包衣　是最简便最有效的方法。用含吡虫啉玉米悬浮种衣剂拌种包衣。

3. 物理防治

地老虎、蝼蛄、多种金龟子、沟线角叩甲雄虫等具有强烈的趋光性，利用黑光灯进行诱杀，效果显著。用黑绿单管双光灯诱杀效果更为理想。

## 二、玉米螟虫

东北发生的主要是亚洲玉米螟，以幼虫钻蛀为害玉米。在苗期为害玉米造成玉米"花叶"；拔节、抽穗后为害则影响养分输送。致使籽粒空瘪、灌浆不足而减产，遇风易折，减产尤甚。玉米螟一直是玉米生长中的一种主要害虫，一般年份如缺少有效控制，可造成减产 5% ~ 10%。

### （一）发生规律

末龄幼虫体长 20 ~ 30 毫米，黄白至淡红褐色，体背有 3 条褐色纵线。

玉米螟在吉林省 1 年发生 1 ~ 2 代。以末龄幼虫在秸秆、根茬中越冬。

成虫昼伏夜出，飞翔能力强，有趋光性。成虫羽化后即可交尾，大部分当天即可产卵。通常产卵于叶片背面，20 ~ 30 粒排成鱼鳞状卵块。1 头雌虫产卵 300 ~ 600 粒。成虫对产卵环境、玉米发育状态以及株高等都表现一定选择性。喜爱在播期早、株高 50 厘米以上、生长浓绿、小气候阴郁潮湿的低洼地玉米上产卵。株高不足 35 厘米的植株上产卵较少。幼虫有趋糖、趋湿和负趋光性，所以多选择玉米植株含糖量较高，组织比较幼嫩，便于潜藏而阴暗潮湿的部位取食为害。长势好的玉米上虫口密度明显高于长势一般的玉米。同样情况下，丰产田的虫口数量远比一般田高，因而，防治时必须早治、重点治丰产田。

（二）为害特点

在玉米心叶期，初孵幼虫大多在心叶内为害，取食未展开的心叶叶肉，残留表皮，或将纵卷的心叶蛀穿，到心叶伸展后，叶面呈现半透明斑点，孔洞呈横列排孔，通称"花叶"或"链珠孔"。至雄穗打苞时，幼虫大多集中苞内为害幼嫩雄穗。抽穗后，幼虫先潜入未散开的雄穗中为害，而至雄穗散开扬花时，则向下转移开始蛀茎为害。一般在雄穗出现前，幼虫大多蛀入雄穗柄内，造成折雄，或蛀入雌穗以上节内。至玉米抽丝时，原在雄穗上一些较小的幼虫，大多数自雌穗节及上下茎节蛀入，严重破坏养分输送和影响雌穗的发育，甚至遇风造成折茎而减产，尤以穗下折茎影响产量最重。

在玉米吐丝授粉期，幼虫孵化后，少数潜于雌穗以上几个叶腋间的花粉中，而大部分初孵幼虫则集中在雌穗顶花柱基部，取食花柱和未成熟的嫩粒，并常引起腐烂。幼虫发育至 4～5 龄时开始蛀茎为害，或自穗顶蛀入穗轴。或自雌穗基部蛀入穗柄，或蛀入雌穗节上下的茎秆内，此时玉米已进入灌浆的中后期，所以损失比心叶期要小。

（三）防治

（1）利用赤眼蜂防治玉米螟　放蜂时间在玉米螟第一代卵高峰期，通常放 2 次蜂。第 1 次放蜂在 7 月 5—10 日。隔 5 天再放第 2 次蜂（也有将 2 次放蜂并为 1 次放，释放混合不同发育时间蜂卡）。具体做法是每亩放蜂 1.5 万头，共分两次放，每次放的卵卡的卵粒 120～130 粒。以每粒孵出 60 头蜂计算，可出蜂 7 200～7 800 头。每亩设 2 个放蜂点，选择上风头 10 垄为第 1 个放蜂垄，距地头 15 步为第 1 个放蜂点。顺垄走每隔 40 步为另 1 个放蜂点。以后，每 28 垄为 1 个放蜂点。蜂卡应存放在凉爽的地方（不能冷冻），天好时再放。

（2）白僵菌防治玉米螟　主要有封垛、田间喷粉和撒颗粒剂。封垛的方法有两种，第一种方法是在堆玉米秸秆或根茬时，分层撒施菌粉，用菌土1千克/立方米；第二种方法是在5月中旬到6月中旬，用手摇喷粉机或机动喷粉剂喷粉封垛。菌粉用量是0.1千克/立方米，田间喷粉是在玉米螟产卵盛期前后，7月上中旬进行喷粉。具体做法是：按20千克/公顷的菌粉，用手摇或机动喷粉机将菌粉喷于玉米上部叶片。撒颗粒剂是在玉米螟产卵盛期前后，时间为7月上中旬。

（3）种植抗病品种　通过种植抗病品种，达到防止玉米螟的目的。

### 三、黏虫

黏虫，俗称五色虫、剃枝虫等，是一种暴食性害虫，以幼虫为害玉米。

#### （一）形态及发生规律

末龄幼虫体长38毫米左右，体色多变。虫口密度低时，体色较浅，大发生时体呈浓黑色，体表有许多纵行条纹，背上有5条纵线。

1年发生2~3代，黏虫耐寒能力差，在当地不能越冬。每年成虫于5月下旬到6月上旬从河北、山东、山西迁来，产卵。幼虫多在6月末出现，7月中下旬化蛹羽化。除少数成虫在本地繁殖外，大部分又向南飞到华北为害。成虫白天潜伏草丛中，傍晚及夜间活动，成虫喜取食蜜源植物，对糖酒醋混合液趋性很强，对普通灯光的趋性不强，但对黑光灯有较强的趋性。繁殖力强，每头雌虫产卵1 000~2 000粒。

幼虫初孵后先食卵壳，群集不动，经一定时间便开始分散。夜间活动较多。大发生时，4龄幼虫可群集向外迁徙。6龄幼虫老熟后钻到深约1~2厘米的松土中，结土茧化蛹。

## （二）为害特点

以幼虫暴食玉米叶片，1～2龄时仅食叶肉，将叶片食成小孔，3龄后可将叶片食成残缺，5～6龄为暴食期，常将叶片全部食光。黏虫可取食百余种植物，尤其嗜食玉米、谷子、小麦等禾本科作物。

## （三）防治

（1）诱杀成虫　在成虫发生期每2～3亩设1个糖酒醋诱杀盆，或设2～3稻草把诱杀。也可利用黑光灯诱杀。

（2）化学防治　用于防治的化学药剂种类很多，常用的50%辛硫磷乳油1 000～2 000倍、25%西维因可湿性粉剂、90%万灵、5%来福灵乳油、2.5%功夫乳油、2.5%敌杀死乳油等药液喷雾。为提倡无公害防治，建议于幼虫3龄前用灭幼脲3号1 000倍液喷雾，3龄后喷洒1.2%苦·烟乳油1 000倍液，或其他无公害农药，有利于保护天敌，维护生态平衡，减少环境污染。

（3）摘除卵块　结合栽培管理摘除卵块、初孵幼虫。

（4）清除杂草　减少滋生和传播条件。

## 四、玉米旋心虫

玉米旋心虫，在昆虫分类上称玉米异跗萤叶甲，习称钻心虫，是近几年来对玉米苗造成极大为害的一种害虫。因其活动隐蔽，不易被发现。

## （一）形态和发生规律

成虫体长约5毫米，头部黑褐，鞘翅绿色，具有绿色光泽。幼虫黄色，头部褐色，体长8～12毫米，各节体背排列着黑褐色斑点。

玉米旋心虫1年发生1代，以卵在玉米地土壤中越冬。5月下旬到 6 月上旬越冬卵陆续孵化，幼虫钻蛀食害玉米苗根茎处，蛀孔处褐色，苗叶上出现排孔、花叶或萎蔫枯心，叶片卷缩畸形。幼虫在玉米幼苗期可转移多株为害。苗长至近 30 厘米左右后，很少再转株为害。幼虫为害期约 1 个半月，于 7 月下旬幼虫老熟后，在地表或 2~3 厘米深处做土茧化蛹，蛹期 10 天左右。8 月上、中旬成虫羽化出土，白天活动，夜间栖息在株间，一经触动有假死性。成虫多产卵在疏松的玉米田土表中，每头雌虫可产卵 10 余粒，多者 20~30 余粒。

**（二）为害特点**

以幼虫蛀入玉米苗根茎部为害。蛀孔处褐色，常造成黄条花叶或形成枯心，形成"君子兰"苗。还使幼苗分蘖多，生长畸形。而且被害苗极易染病，带来更大损失。

**（三）防治**

（1）农艺措施　进行合理轮作，避免连茬种植，以减轻为害。

（2）药剂防治　用 2.5% 的敌百虫粉剂 1~1.5 千克，拌细土 20 千克，搅拌均匀后，在幼虫为害初期顺垄撒在玉米根周围，可杀伤转移为害的害虫。发现田间出现花叶和枯心苗后或发现幼虫为害时，用 90% 晶体敌百虫 1 000 倍液，50% 辛硫磷 1 500 倍液喷雾，喷药液 60~75 千克/亩或每株 500 毫升药液灌根。

（3）种子包衣　用含吡虫啉等的玉米种衣剂拌种包衣，效果较好。

**五、玉米蚜虫**

玉米蚜，俗称腻虫、蜜虫等，是东北为害逐年加重的害虫。

**（一）形态和发生规律**

有翅胎生雌蚜体长 1.5~2.5 毫米，头胸部黑色，腹部灰绿色，腹管黑色。无翅胎生雌体长 1.5～2.2 毫米，灰绿至蓝绿色，常有一层蜡粉，腹管略带红褐色，1 年发生 10 余代。以成蚜或幼蚜在禾本科杂草上越冬，玉米出苗后迁移其上为害。玉米抽雄前，群集于新叶里为害、繁殖，抽雄后扩散至雄穗、雌穗为害。扬花期是玉米蚜繁殖为害的有利时期和盛期。高温干旱年份发生重，而暴风雨对玉米蚜有较大控制作用，杂草较重发生的田块，玉米蚜也偏重发生。

### （二）为害特点

玉米蚜以成虫、幼虫群集玉米的叶鞘、叶片、雄穗、果穗苞叶上，通过刺吸玉米对生长造成为害。同时可分泌蜜露，造成玉米被害部位变黑形成霉污病，影响玉米的光合作用、花粉的形成及散出，严重时可造成玉米授粉不良或不结实。还能传播多种禾本科谷类病毒。

### （三）防治

（1）农艺防治　及时清除田间地头杂草，消灭玉米蚜的滋生基地。

（2）药剂防治　可用 50% 抗蚜威 3 000 倍液，或 10% 吡虫啉 1 500 倍液，或 2.5% 敌杀死 3 000 倍液均匀喷雾，也可用上述药液灌心；还可用 40% 的氧化乐果 50～100 倍液涂茎。

## 六、玉米蛀茎夜蛾

别名大菖蒲夜蛾、玉米枯心夜蛾。

### （一）形态和发生规律

末龄幼虫体长 28～35 毫米，头部深棕色，前胸盾板黑褐色，腹部背面灰黄色，腹面灰白色。臀板后缘向上隆起，上面具向上弯的爪状突起 5 个，中间 1 个大。

1 年发生 1 代，以卵在杂草上越冬，来年 5 月中旬孵化，6

月上旬为害玉米苗。幼虫无假死性。6 月下旬幼虫老熟后在 2 ~ 10 厘米土层中化蛹，7 月下旬羽化为成虫。成虫在 8 月上旬至 9 月上旬于鹅观草、碱草上产卵越冬。低洼地或靠近草荒地受害重。

## （二）为害特点

以幼虫从近土表的茎部蛀入玉米苗，向上蛀食心叶茎髓，致使心叶萎蔫或全株枯死。每头幼虫连续为害几颗玉米幼苗后，入土化蛹。一般每株只有 1 头幼虫。

## （三）防治

（1）除草、捕虫　注意及时铲除地边杂草。定苗前捕杀幼虫。

（2）药剂防治　发现玉米苗受害时，用 50% 辛硫磷乳油 0.5 千克，加少量水，喷拌 120 千克细土；也可用 2.5% 溴氰菊酯配成 45 ~ 50 毫克/千克毒沙，撒施拌匀的毒土或毒沙 20 ~ 25 千克/亩，撒在幼苗根际处，使其形成 6 厘米宽的药带。

## 七、玉米叶螨

玉米叶螨俗称玉米红蜘蛛。在东北玉米产区的玉米叶螨有几种尚不能十分肯定。过去认为有截形叶螨、朱砂叶螨、二斑叶螨等，但现在认为以往的很多记载均为误定。

## （一）形态和发生规律

朱砂叶螨雌螨体长 0.42 ~ 0.52 毫米，雄螨体长 0.38 ~ 0.42 毫米，体深红色或锈红色，体背两侧有黑色斑纹。朱砂叶螨 1 年发生 10 余代，发生世代重叠，以雌成螨在作物和杂草根际或土缝里越冬。成螨和幼螨在玉米的叶背活动，先为害下部叶片，渐向上部叶片转移。卵散产在叶背中脉附近，气候条件和耕作制度对玉米叶螨种群消长影响很大。繁殖为害的最适温度为 22 ~

28℃，干旱少雨年份发生较重，大雨冲刷，可使螨量快速减少。

**（二）为害特点**

玉米叶螨以成螨和幼螨刺吸玉米叶背组织汁液，被害处呈现失绿斑点。严重时叶片完全变白干枯，籽粒瘪瘦，造成减产。

**（三）防治**

（1）合理灌溉和施肥　天气干旱时要注意灌溉并合理施肥（减少 N 肥，增施 P 肥），减轻为害。

（2）化学防治　可以采用 25% 抗螨 23 乳油 500～600 倍液、73% 克螨特乳油 1 000～2 000 倍液、20% 灭扫利乳油 2000 倍液、2.5% 天王星乳油 3 000 倍液或 5% 尼索朗乳油 2 000 倍液、1.8% 爱福丁乳油杀虫杀螨剂 5 000 倍液、10% 吡虫啉可湿性粉剂 1 500 倍液、15% 哒螨灵乳油 2 500 倍液及 20% 速螨酮 3 000～5 000 倍液等喷雾。隔 10 天左右 1 次，连续防治 2～3 次。

# 第三节　东北地区玉米杂草与防除

## 一、玉米田主要杂草及其为害

### （一）概况

东北地区是中国主要的商品粮基地，而玉米是东北地区主要粮食和饲料作物。农田草害一直是东北地区玉米可持续发展的一个主要障碍。近年来，随着化学除草剂的大量使用，耕作制度和栽培方法的改变，使农田杂草群演替加速，种类也发生了变化，给玉米田杂草防除带来了一些新问题。目前，为害东北地区玉米田的杂草种类繁多，以被子植物杂草为例，即有 22 科、38 属、43 种。

### （二）常见杂草种类、形态特征、发生规律及为害程度

在此以 20 种对玉米田为害严重的杂草举例。

1. 问荆

别名：接续草、公母草、节节草、接骨草、败节草等。

生物学分类：木贼科，木贼属。

（1）形态特征　根茎匍匐生根，黑色或暗褐色。地上茎直立，营养茎在孢子茎枯萎后生出，高 15～60 厘米，有棱脊 6～15 条。叶退化，下部联合成鞘，鞘齿披针形，黑色，边缘灰白色，膜质；分枝轮生，中实，有棱脊 3～4 条，单一或再分枝。孢子茎早春先发，常为紫褐色，肉质，不分枝，鞘长而大。孢子囊穗 5—6 月抽出，顶生，钝头。长 2～3.5 厘米；孢子叶六角形，盾状着生，螺旋排列，边缘着生长形孢子囊。

（2）为害程度　东北地区玉米田重要杂草，个别田受害相当严重。

（3）发生规律和生物学特性　多年生草本。根茎繁殖为主，孢子囊也能繁殖。

2. 藜

别名：灰条菜、灰藋、灰菜等。

生物学分类：藜科，藜属。

（1）形态特征　高 30～120 厘米，茎直立，有分枝，有棱和条纹。叶互生，具长柄；基部叶片较大，多呈菱状或三角状卵形，边缘有不整齐的浅裂齿；上部叶片较窄，全缘或有微齿。花序圆锥状，花被黄绿色或绿色，胞果完全包于花被内或顶端稍露；种子双凸镜形，深褐色或黑色，有光泽。幼苗下胚轴发达，子叶肉质，近条形；初生叶 2 片，长卵形，主脉明显，叶背紫红色，有白粉。

（2）为害程度　世界及中国恶性杂草，东北地区的重要杂草。除为害玉米外，还可为害多种作物。

（3）发生规律和生物学特性　一年生草本，种子繁殖。3 月中旬出苗，花果期 6—10 月。种子发芽的最低温度为 10℃，最适 20～30℃，最高 40℃；适宜土层深度在 4 厘米以内。

### 3. 反枝苋

别名：西风谷、野苋菜等。

生物学分类：苋科，苋属。

（1）形态特征　茎直立，绿色，较粗壮，单一或分枝，高 20～80 厘米，叶互生；叶柄长 3～10 厘米；叶片菱状广卵形或三角状广卵形，长 4～12 厘米，宽 3～7 厘米，钝头或微凹，基部广楔形，叶有绿色、红色、暗紫色或带紫斑等。花序在下部者呈球形，上部呈稍断续穗状花序，花黄绿色，单性。雌雄同株；苞片卵形，先端芒状，长约 4 毫米，膜质；萼片 3，披针形，膜质，先端芒状，雄花有雄蕊 3，雌花有雌蕊 1，柱头 3 裂。胞果椭圆形，萼片宿存，长于果实，熟时环状开裂，上半部成盖状脱落。种子黑褐色，近于扁圆形，两面凸，平滑有光泽。

（2）为害程度　中国恶性杂草，东北玉米田重要杂草，发生普遍。

（3）发生规律和生物学特性　一年生。种子繁殖，喜温植物。5—6 月出苗，8—9 月为花果期。耐寒力较弱，幼苗遇 0℃ 低温即受冻害，成株遭霜冻后很快枯死。根系入土较浅，不耐旱。适应能力极强，喜生肥沃地，瘠薄地也能生长。

### 4. 马齿苋

别名：马齿菜、马蛇子菜等。

生物学分类：马齿苋科，马齿苋属。

（1）形态特征　全株光滑无毛，茎伏卧，多分枝，绿色或紫红色，肉质。单叶互生或近对生，长圆形或倒卵形，长 10～25 毫米，全缘，先端钝圆或微凹，肉质。花 3～8 朵，顶生；萼片 2，花瓣 5，黄色。蒴果卵形至长圆形，盖裂；种子细小，肾状卵圆形，黑褐色，具小疣状突起。

（2）为害程度　东北地区玉米田主要常见杂草。

（3）发生规律和生物学特性　一年生。除种子繁殖外，营养繁殖发达。发芽温度 20～30℃，土深 3 厘米以内。春夏都有幼苗，盛夏开花，夏末秋初种子成熟。果实边熟边开裂落于土中，也可随堆肥传播。

5. 葎草

别名：拉拉秧。

生物学分类：大麻科，葎草属。

（1）形态特征　缠绕型杂草，茎和叶柄都有倒刺钩。叶对生，掌状 5～7 深裂，叶缘具粗锯齿，双面均具粗糙的毛。花单性，雌雄异株，雄花小，淡黄绿色，着生在圆锥花序上，花被片和雄蕊各 5 枚；雌花序穗状，每 2 朵花外有 1 卵形的苞片，瘦果淡黄色，扁圆形，表面有深褐灰色斑纹，直径 2～3.5 毫米。

（2）为害程度　东北地区玉米田主要杂草。

（3）发生规律和生物学特性　一年生。种子繁殖。发芽适温 10～20℃，15℃为最适，适宜土深 2～4 毫米，深土层内未发芽的种子一年后丧失发芽力，花果期 7 月，8—9 月种子成熟落入土中，经冬眠后萌发。

6. 酸模叶蓼

别名：酸不溜、大马蓼、假辣蓼等。

生物学分类：蓼科，蓼属。

（1）形态特征　茎直立，高 30～200 厘米，上部分枝，粉红色，节部膨大。叶片宽披针形，大小变化很大，顶端渐尖，表面绿色，常有黑褐色新月形斑点，两面沿主脉及叶缘有伏生的粗硬毛；托叶鞘筒状，无毛，淡褐色。花序为数个花穗构成的圆锥花序；苞片膜质，边缘疏生短睫毛，花被红色或白色，4 深裂；

雄蕊 6；花柱 2 裂，向外弯曲。瘦果卵形，扁平，两面微凹，黑褐色，光亮。

（2）为害程度 中国玉米田恶性杂草，东北地区玉米田主要杂草，可为害多种作物。

（3）发生规律和生物学特性 一年生草本。种子繁殖。种子有休眠习性。种子发芽的适宜温度为 15～20℃；适宜土层深度在 5 厘米以内。花期 6—8 月，果期 7—10 月，种子脱落后混于收获物或堆肥中传播。

7. 苘麻

别名：青麻、芙蓉麻、顷麻、白麻等。

生物学分类：锦葵科，苘麻属。

（1）形态特征 茎直立，圆柱形，高 30～150 厘米，分枝或不分枝，有柔毛。叶互生，具长柄，叶片圆心形，先端尖，基部心形，边缘有粗细不等的锯齿，两边均有毛。花着生于顶端叶腋的花轴上，有花柄，每朵花具有花萼、花瓣各 5 片，呈钟形，花冠橙黄色。雄蕊多枝，雌蕊子房有 10 余室，每室有胚珠 3 粒，蒴果呈半磨盘形，密生短茸毛，成熟时呈黄褐色，不完全开裂，只部分地散落种子；种子肾形，呈黑色或浅灰色，有细小的短毛。

（2）为害程度 东北地区玉米田主要杂草。对绝大多数除草剂不敏感，土壤处理较难防除。

（3）发生规律和生物学特性 一年生。种子繁殖。生长期 4—9 月。

8. 荠菜

别名：荠、靡草、护生草等。

生物学分类：十字花科，荠菜属。

（1）形态特征 全株稍有分枝毛或单毛。茎直立，有分枝，基生叶丛生，叶片大头羽状分裂，裂片常有齿，具长柄；茎生叶互生，叶片狭披针形或长圆形，基部抱茎，边缘有缺刻或锯齿。花序总状顶生或腋生；花瓣白色，4 枚，呈十字排列。短角果倒三角形或倒心形，扁平；种子长椭圆形，黄至黄褐色。幼苗子叶椭圆形；初生叶 2 片，卵圆形；后生叶形状多变。

（2）为害程度　全国玉米田主要杂草，可为害多种作物。此外，还是棉蚜、麦蚜、棉盲蝽和甘蓝霜霉病、白菜病毒病的寄主。

（3）发生规律和生物学特性　越年生或一年生草本。种子繁殖，幼苗或种子越冬。种子经短期休眠后即可萌发。

9. 铁苋菜

别名：人苋、血见愁、海蚌含珠、叶里含珠、野麻草等。

生物学分类：大戟科，铁苋菜属。

（1）形态特征　茎直立，高 30～50 厘米，多分枝。全体有灰白色细毛。叶互生，叶片卵形，长 2.5～8 厘米，边缘有锯齿。花单生，雌雄同序，无花瓣；穗状花序腋生；雄花生于花序上部，穗状；雌花在下，生于叶状苞片内。蒴果小，钝三棱状，种子倒卵形，常有白膜质的蜡层。幼苗子叶 2，近圆形，初生叶 2，卵形。

（2）为害程度　东北地区玉米田主要杂草。吸肥、吸水能力强，生长快，对玉米有一定影响。

（3）发生规律和生物学特性　一年生草本。种子繁殖。花果期 8—9 月，多生于村落、城镇庭院中，田野、路旁也常有生长。

10. 打碗花

别名：小旋花，面根藤、狗儿蔓等。

生物学分类：旋花科，打碗花属。

（1）**形态特征**　主根较粗长，横走。茎细弱，长 0.5～2 米，匍匐或攀援。叶互生，叶片三角状戟形或三角状卵形，侧裂片展开，常再 2 裂。花萼外有 2 片大苞片，卵圆形；花蕾幼时完全包藏于内。萼片 5，宿存。花冠漏斗形，粉红色或白色，果近圆形微呈五角形。与同科其他常见种相比花较小。

（2）**为害程度**　全国各地广泛分布，为田间、野地常见杂草。

（3）**发生规律和生物学特性**　多年生草质藤本。打碗花一次种植可多年开花不绝，枝叶茂盛，花大而美丽，花色为红紫色，花期 7—10 月。同时有能观果，瘦果上长有绵毛，似团团棉花。性喜凉爽、潮湿，阳光充足的环境，忌高温高湿，较耐寒。

**11. 刺儿菜**

别名：小蓟。

生物学分类：菊科，刺儿菜属。

（1）**形态特征**　茎直立，高 30～50 厘米，幼茎被白色蛛丝状的毛，有棱。单叶互生无柄，缘具齿，基生叶早落，下、中部叶椭圆状披针形，长 7～10 厘米，两面被白色蛛丝状的毛，中上部叶有时羽状浅裂。雌雄异株，雄株头状花序小，花冠长 15～20 毫米；雌株花序较大，花冠长 25 毫米；花冠均为紫色，全为筒状花。瘦果椭圆形或长卵形，略扁，浅黄色至褐色，有波状横皱纹，冠毛白色，羽毛状，脱落。地下除有直根外，并有水平生长产生不定芽的根。

（2）**为害程度**　东北地区玉米田主要杂草。

（3）**发生规律和生物学特性**　多年生，不定芽和种子繁殖。苗期 4～5 月，花果期 6—7 月。繁殖力极强。

**12. 山苦荬**

别名：苦菜、苦荬菜等。

生物学分类：菊科，苦荬菜属。

（1）形态特征　全株具乳汁，无毛，高 10～40 厘米，地下根状茎匍匐，地上茎倾斜或直立。基生叶丛生，叶片条状披针形或倒披针形，先端钝或急尖，基部下延成窄叶柄，全缘或具疏小齿或不规则羽裂。茎生叶互生，向上渐小，细而尖，无柄，稍抱茎。头状花序排列成稀疏的聚伞状，总苞在花未开时呈圆筒状，花全为舌状花，黄色或白色，具长喙，冠毛白色。种子长椭圆形或纺锤形，稍扁，黄褐色。

（2）为害程度　东北地区玉米田多年生恶性杂草，种群密度大，为害严重。无防除山苦荬的特效药。

（3）发生规律和生物学特性　多年生草本。种子和根芽繁殖。花果期 7—9 月。

13. 苣荬菜

别名：曲荬菜、甜苣菜等。

生物学分类：菊科，苦苣菜属。

（1）形态特征　高 30～60 厘米，全株具乳汁。地下根状茎匍匐，着生多数须根。地上茎直立，少分枝，平滑。叶互生；无柄；叶片宽披针形或长圆状披针形，长 8～16 厘米，宽 1.5～2.5 厘米，先端有小尖刺，基部呈耳形抱茎，边缘呈波状尖齿或有缺刻，上面绿色，下面淡灰白色，两面均无毛。头状花序，少数，在枝顶排列成聚伞状或伞房状。头状花序直径 2～4 厘米，总苞及花轴都具有白绵毛，总苞片 4 列，最外 1 列卵形，内列披针形，长于最外列；全部为舌状花，鲜黄色；舌片条形，先端齿裂；雄蕊 5，药合生；雌蕊 1，子房下位，花柱纤细，柱头 2 深裂，花柱及柱头皆被白色腺毛。瘦果，侧扁，有棱，有与棱平行的纵肋，先端有多层白色冠毛。

（2）为害程度　玉米田多年生恶性杂草，无防除苣荬菜的特效药，玉米田苣荬菜的为害日趋严重。

（3）发生规律和生物学特性 多年生草本。根芽和种子繁殖。北方农田4—5月出苗，终年不断。花果期6—10月，种子于7月开始逐渐成熟飞散，秋季或次年春季萌发，第二年至第三年可成熟开花。苣荬菜适应性广，抗逆性强、耐旱、耐寒、耐贫瘠、耐盐碱。

14. 苍耳

别名：虱麻头、老苍子等。

生物学分类：菊科，苍耳属。

（1）形态特征 茎直立，粗壮，高可达1米，上部多分枝，有钝棱及长条状斑点。叶卵状三角形，长6～10厘米，宽5～10厘米，顶端尖，基部浅心形至阔楔形，边缘有不规则的锯齿或常成不明显的3浅裂，两面有贴生糙伏毛；叶柄长3.5～10厘米，密被细毛。果壶体状无柄，长椭圆形或卵形，长10～18毫米，宽6～12毫米，表面具钩刺和密生细毛，钩刺长1.5～2毫米，顶端喙长1.5～2毫米。

（2）为害程度 东北地区玉米田主要杂草，部分田块受害严重。

（3）发生规律和生物学特性 一年生。种子繁殖。生长期5—9月，适应性强。苍耳种子的最适萌发温度为15～25℃，pH值在2～10范围内均可萌发；最适播深为0～4厘米，花果期8～9月。果实随熟落地或附着于动物体上传播。

15. 鸭跖草

别名：蓝花菜、鸭趾草、竹叶草等。

生物学分类：鸭跖草科，鸭跖草属。

（1）形态特征 鸭跖草仅上部直立或斜伸。茎圆柱形，长约30～50厘米，茎下部匍匐生根。叶互生，无柄，披针形至卵状披针形，第一片叶长1.5～2.0厘米，有弧形脉。叶较肥厚，表面有光泽，叶基部下延成鞘，具紫红色条纹，鞘口有缘毛。小花每 3～4 朵一簇，由一绿色心形折叠苞片包被，着生在小枝顶端或叶腋处。花被 6 片，外轮 3 片，较小，膜质，内轮 3 片，中前方一片白色，后方两片蓝色，鲜艳。蒴果椭圆形，2 室，有 4 粒种子。种子土褐色至深褐色，表面凹凸不平。

（2）**为害程度** 是玉米田主要杂草。近十几年来，鸭跖草的为害日益严重。

（3）**发生规律和生物学特性** 一年生。种子繁殖。鸭跖草适应性强，喜湿耐旱。一般 5—6 月出苗，7—8 月开花，8—9 月成熟，种子过冬。发芽适温 15～20℃，土层内出苗深度 0～3 厘米，鸭跖草茎节下可生根，每个断节沾土即可成活。平均分枝数 277 个，每个枝都可成苞开花结籽，每株平均结籽 3 894 粒。适应性强。

16. **马唐**

别名：抓地草、鸡爪草、红水草等。

生物学分类：禾本科，马唐属。

（1）**形态特征** 秆基部倾斜，着地后节易生根，高 40～100 厘米，光滑无毛。叶片条状披针形，两面疏生软毛或无毛；叶鞘大都短于节间，多少疏生有疣基的软毛，稀无毛；叶舌膜质，先端钝圆。总状花序 3～10 枚，指状排列或下部的近于轮生；颖果椭圆形，淡黄色或灰白色。为旱秋作物田和果园、苗圃的主要杂草。

（2）**为害程度** 世界和中国的恶性杂草，东北地区玉米田的主要杂草，发生普遍，为害多种作物。东北玉米约有 1/2 面积受到不同程度的为害，严重草害的面积约占 10%～20%。

（3）**发生规律和生物学特性** 一年生草本。种子繁殖。马唐发芽适宜温度 25～40℃，最适相对湿度 63%～92%，最适深度 1～5 厘米，喜湿喜光，潮湿多肥的地块生长茂盛，4 月下旬至 6 月下旬发生量大，8—10 月结籽，种子边成熟边脱落，生活力强，繁殖力强，成熟种子有休眠习性。借风、流水与禽鸟取食后从粪便排出而传播。经越冬休眠后萌发。

17. 稗草

别名：芒早稗、水田草、水稗草等。

生物学分类：禾本科，稗草属。

（1）形态特征　直立或基部膝曲。叶鞘光滑；无叶舌、叶耳；叶片条形，叶脉灰白色，无毛。圆锥形总状花序，较开展，直立或微弯，常具斜上或贴生分枝；小穗含 2 花，密集于穗轴的一侧，卵圆形，长约 5 毫米，有硬疣毛；颖具 3~5 脉；颖果卵形，米黄色。幼苗胚芽鞘膜质，长 0.6~0.8 厘米；第 1 叶条形，长 1~2 厘米，自第 2 叶始渐长。全体光滑无毛。

（2）为害程度　稗草是世界性和中国的恶性杂草，北方地区玉米田的重要杂草。

（3）发生规律和生物学特性　一年生草本。种子繁殖。种子萌发温度 10~35℃，最适温度为 20~30℃；适宜的土层深度为 1~5 厘米，尤以 1~2 厘米出苗率最高，土壤深层未发芽的种子可存活 10 年以上；对土壤含水量要求不严，特别能耐高湿。发生期早晚不一，但基本为晚春型出苗的杂草。5—6 月为发芽生长期，7 月上旬至 9 月为花果期。稗草适应性极强，抗旱、抗涝、耐盐碱。繁殖力极强，每株分蘖 10~100 多枝，每穗结籽 600~1 000 粒，可借风力、水流、动物及随作物种子传播。

18. 牛筋草

别名：油葫芦草、扁草、稷子草等。

生物学分类：禾本科，蟋蟀草属。

（1）形态特征　茎秆丛生，有的近直立，株高 15~90 厘米，叶片条形；叶鞘扁，鞘口具毛，叶舌短。穗状花序 2~7 枚，呈指状排列在秆端；穗轴稍宽，小穗成双行密生在穗轴的一侧，有小花 3~6 个；颖和稃无芒，第一颖片较第二颖片短，第一外稃有 3 脉，具脊，脊上粗糙，有小纤毛。颖果卵形，棕色至黑色，具明显的波状皱纹。须根细而密，根深。

（2）为害程度　世界和中国的恶性杂草，东北地区玉米田的主要杂草，也是豆类、薯类、蔬菜、果园等重要杂草。

（3）发生规律和生物学特性　一年生。种子繁殖。4 月中下旬出苗，5 月上、中旬进入发生高峰，6—8 月发生少，部分种子1 年内可生 2 代。秋季成熟的种子在土壤中休眠 3 个多月，在0~1 厘米土中发芽率高，深度 3 厘米以上不发芽。发芽需在20~40℃变温条件下有光照。恒温条件下发芽率低，无光发芽不良，种子随熟随落；由风、水及动物传播。

19. 芦苇

别名：苇子。

生物学分类：禾本科，芦苇属。

（1）形态特征　具粗壮根状茎，株高 100~300 厘米，节上常有白粉，叶片带状披针形，长 15~50 厘米，宽 1.0~3.5 厘米，叶舌极短，顶端被毛。圆锥状花序顶生，长 10~40 厘米，微垂头，有多数纤细分枝，下部分枝的腋间具白软毛。小穗两侧扁，长 16~22 毫米，通常含 4~7 小花，第一小花常为雄性；颖片及外稃均有 3 条脉；外稃无毛，孕性外稃的基盘具长 6~12 毫米的柔毛。

（2）为害程度　东北地区玉米田主要恶性杂草，尤以低湿玉米田受害最重。

（3）发生规律和生物学特性　多年生杂草。根茎和种子繁殖。粗壮的根茎横走地下，在沙质地可达 10 余米。4—5 月出苗，8—9 月开花。喜湿。

20. 狗尾草

别名：绿狗尾草、谷莠子、狐尾等。

生物学分类：禾本科，狗尾草属。

（1）形态特征 高 30～100 厘米，稀疏丛生，直立或基部膝曲上升。叶片条状披针形；叶鞘松弛，光滑，鞘口有毛；叶舌毛状。圆锥花序呈圆柱状，直立或弯垂，刚毛绿色或变紫色；小穗椭圆形，长 2～2.5 毫米，2 至数枚簇生，成熟后与刚毛分离而脱落；第一颖卵形，长约为小穗的 1/3；第二颖与小穗近等长；第一外稃与小穗等长，具 5～7 脉，内稃狭窄。谷粒长圆形，顶端钝，具细点状皱纹。颖果椭圆形，腹面略扁平。

（2）为害程度 为中国常见主要恶性杂草，北方玉米田重要杂草，可为害多种作物。发生严重时可形成优势种群密被田间，争夺肥水力强，造成作物减产。

（3）发生规律和生物学特性 狗尾草为晚春性杂草。以种子繁殖，一般 4 月中旬至 5 月种子发芽出苗，发芽适温为 15～30℃，5 月上、中旬为大发生高峰期，8—10 月为结实期。种子可借风、流水与收获物、粪便传播，经越冬休眠后萌发。种子出土适宜深度为 2～5 厘米，土壤深层未发芽的种子可存活 10 年以上。一株可结数千至上万粒种子。适生性强，耐旱耐贫瘠，酸性或碱性土壤均可生长。

## 二、玉米田杂草防治措施

由于东北地区玉米多年连作，又长期应用莠去津除草剂防除阔叶杂草，使得玉米田原来密度较大的藜、苋、蓼等杂草群落得到了有效控制，而耐药性的苘麻、鸭趾草、风花菜和抗药性的小蓟、苣荬菜、苦菜等多年生杂草为害上升。因此，玉米田杂草的治理必须从大量使用除草剂转变为在了解杂草生物学、生态学特点的基础上，因地制宜地运用一切可以利用的农业、物理、化学、生物等措施，创造有利于作物生长发育，而不利于杂草休眠、繁殖、蔓延的条件。通过少用除草剂及其他措施配合，将杂草控制在其生态及经济为害水平以下，达到成本低、质量好、不污染环境为目的。玉米田杂草防除方法如下。

**（一）植物检疫**

在引种或调种时，必须严格执行杂草检疫制度，防止检疫性杂草如豚草、假高粱的输入、传出和蔓延。

**（二）化学农药防除**

1. 播前或播后苗前的土壤处理

（1）除草剂的种类、用量及防除对象

① 72%都尔乳油 100～150 毫升/亩。

② 50%乙草胺乳油 100～150 毫升/亩。

③ 50%西玛津可湿粉剂 200～300 毫升/亩。

④ 40%阿特拉津悬浮剂 200～300 毫升/亩。

⑤ 50%氰草津悬浮剂 200～300 毫升/亩。

⑥ 乙阿悬乳剂（乙草胺＋阿特拉津）150～300 毫升/亩。

⑦ 都阿悬乳剂（都尔＋阿特拉津）120 克/亩。

⑧ 丁阿悬乳剂（丁草胺＋阿特拉津）120 克/亩。

⑨ 50%乙草胺乳油 100～200 毫升/亩＋38%莠去津悬浮剂 150～300 毫升/亩＋72% 2，4－D 丁酯乳油 50～75 毫升/亩。

⑩ 50%异丙草胺乳油 100～200 毫升/亩＋38%莠去津悬浮剂 150～300 毫升/亩＋56% 2 甲 4 氯钠盐可湿性粉剂 75～100 克/亩。

⑪ 50%异丙草胺乳油 100～200 毫升/亩＋40%氰草津悬浮剂 150～300 毫升/亩＋72% 2，4－D 丁酯乳油 50～75 毫升/亩。

⑫ 72%异丙甲草胺乳油 100～200 毫升/亩＋38%莠去津悬浮剂 150～300 毫升/亩＋56% 2 甲 4 氯钠盐可湿性粉剂 75～

100 克/亩。

⑬ 72% 异丙甲草胺乳油 100~200 毫升/亩 +40% 氰草津悬浮剂 200~300 毫升/亩 +72% 2，4-D 丁酯乳油 50~75 毫升/亩。

⑭ 48% 甲草胺乳油 100~120 毫升/亩 +38% 莠去津悬浮剂 150~300 毫升/亩 +56% 2 甲 4 氯钠盐可湿性粉剂 75~100 克/亩。

⑮ 60% 丁草胺乳油 100~120 毫升/亩 +38% 莠去津悬浮剂 150~300 毫升/亩 +72% 2，4-D 丁酯乳油 50~75 毫升/亩。

⑯ 50% 乙草胺乳油 100~200 毫升/亩 +50% 扑草净可湿性粉剂 50~100 克/亩 +56% 2 甲 4 氯钠盐可湿性粉剂 75~100 克/亩。

⑰ 50% 乙草胺乳油 100~200 毫升/亩 +80% 莠灭净可湿性粉剂 50~100 克/亩 +72% 2，4-D 丁酯乳油 50~75 毫升/亩。

①、②、③、④、⑤主要防治一年生的禾本科杂草及部分阔叶杂草，但杀草谱较窄。⑥对玉米田大多数杂草均有效，丁阿混剂对土壤墒情要求较高，所以，不宜用在干燥的玉米地。

（2）使用时期、方法及注意事项　　以上药剂使用时期为玉米播后苗前，土壤喷雾处理，施药液量 60 千克/亩。

单位面积用药量应视地区土壤质地、土壤墒情、气温等条件而有差异。土壤墒情越好用量越少；有机质含量越高用量越多。容易发生春旱的地区，必须浇足底墒水，细整地播然后用药。如果土壤墒情不好，施药后可浅混土或进行喷灌。

2. 苗后茎叶处理的除草剂

（1）除草剂种类、用量及防除对象

① 4% 玉农乐（烟嘧磺隆）乳油 75~100 毫升/亩。

② 75% 噻吩磺隆干悬浮剂 1~2 克/亩。

③ 48% 苯达松水剂 100~200 毫升/亩。

④ 48% 百草敌水剂 25~40 毫升/亩。

⑤ 72% 2，4－D 丁酯乳油 50～75 毫升/亩。

⑥ 20% 2 甲 4 氯水剂 200～300 毫升/亩。

⑦ 22.5%伴地农乳油 100 毫升/亩。

⑧ 20%使它隆乳油 40～50 毫升/亩。

⑨ 4%玉农乐（烟嘧磺隆）乳油 75～100 毫升/亩＋40%阿特拉津悬浮剂 100 毫升 150 毫升/亩。

①和②对禾本科杂草和阔叶杂草均有效，③、④、⑤、⑥、⑦、⑧、⑨主要防止阔叶杂草。⑨对苘麻效果不理想，但对绝大多数杂草效果较好，是生产上常用的茎叶处理剂。

（2）除草剂进行茎叶喷雾时的注意事项　用除草剂进行茎叶处理，主要是土壤干旱地区或土壤封闭效果较差时采用。选择玉米 3～5 叶期，单子叶杂草 1.5～2.5 叶期，双子叶杂草 2～4 叶期，此时玉米耐药性最强，而杂草处于幼嫩时期容易防除。另外，要注意施药天气状况，如风的大小、阴晴、降雨等。

## （三）农业防除

农业防除是指利用农田耕作技术、栽培技术和田间管理等措施，防止草害，降低其为害程度所采取的措施，是减少草害的重要措施。如实行秋翻和春耕可有效地消灭越冬杂草和早春出土的杂草，并将前一年散落于土表的杂草种子翻埋于土壤深层，使其当年不能萌发出苗。通过中耕培土既可消灭大量行间杂草，也消灭了部分株间杂草。秋耕可消灭春、夏季出苗的残草、越冬杂草和多年生杂草。在同一块地，经过多次耕翻后，可有效地抑制问荆、苣荬菜、芦苇、小蓟等多年生杂草的根茎及块茎的萌发生长；高温堆肥（50～70℃堆沤处理 2～3 周）可杀死肥料中的杂草种子，减少田间杂草种子来源。轮作（如禾谷类作物与豆科作物轮作）可明显减弱稗草、狗尾草的为害，并能抑制豆田菟丝子的发生。水旱轮作可控制马唐、狗尾草、问荆、小蓟等旱生杂草。另外合理施肥，适度密植，使玉米植株在竞争中占优势地位也可减少草害的发生。

风力、筛选、水选及人工拾捡等措施,把杂草种子去除,精选种子,减少杂草的传播为害,提高农作物产量。

**(四) 物理防除**

如利用黑色地膜等覆盖玉米田,不仅可以控制杂草为害,并且能够增温保水,促进玉米生长。

**(五) 生物防除**

据自然界生态平衡的原理,利用昆虫、病原物、植物及其他动物等生物抑制和消灭杂草。如用叶甲和象甲取食黎、蓼等;利用鲁保 1 号防治菟丝子;在玉米田放养鹅来消灭或减轻杂草危害。

# 参考文献

[1] 魏湜, 王玉兰, 杨镇. 中国东北高淀粉玉米. 北京: 中国农业出版社, 2010.

[2] 李少昆, 玉米抗逆减灾栽培, 北京: 金盾出版社, 2010.

[3] 任文远, 范世峰, 郭凤银, 等. 高淀粉玉米高产高效栽培技术. 安徽农学通报, 2011 (12): 91 – 92.

[4] 叶青江, 李晓丽. 高淀粉玉米高产优质栽培技术. 吉林农业, 2010 (5): 59.

[5] 全国农业技术推广服务中心, 中国作物学会栽培专业委员会玉米学组. 现代玉米发展论文集. 北京: 中国农业出版社, 2007.

[6] 孙艳梅, 李莉, 陈殿元, 等. 吉林玉米有害生物原色图谱. 长春: 吉林科学技术出版社, 2007.